Organic Electroluminescence Display

유기 EL 디스플레이
기초와 응용

Shizuo Tokito · Chihaya Adachi · Hideyuki Murata 共著

강원호 · 장호정 共譯

BM (주)도서출판 성안당

日本 옴사 · 성안당 공동 출간

유기 EL 디스플레이 기초와 응용

Original Japanese edition
Yuki EL Display
By Shizuo Tokito, Chihaya Adachi and Hideyuki Murata

옴사 출판국으로부터 「유기 EL 책을 저술하시지 않겠습니까」라는 말을 들은 것은 2003년의 봄이었다고 생각한다. 그 당시 저자는 새로운 직장에서 연구에 몰두하던 중이어서 그러한 여유가 없었기 때문에 「저술하고자 하는 마음은 있지만 전혀 시간이 나지 않습니다」라고 대답한 기억이 난다. 물론 한 권의 책을 쓸 자신도 없었다. 그러나 유기 EL 분야에 흥미가 있는 대학원생, 유기 EL 개발에 종사하고자 하는 연구자들에게 도움이 되고 이 분야의 발전에 기여할 수 있으면 좋겠다는 생각도 있었다.

나중에 집필과 관련하여 유기 EL 분야에서 활동하고 계시는 千歲과학기술대학의 安達千波矢 선생과 北陸先端과학기술대학 대학원의 村田英幸과 상담한 결과 「꼭 저술해 봅시다」라는 확고한 답변을 받았다. 두 분의 협력을 얻어 3명의 집필 체제가 가능해져 집필 요청을 받아들이게 되었다.

현재의 유기EL 연구의 출발점이 된 최초의 연구 보고로부터 올해로 17년째가 된다. 이미 소형 유기 EL 디스플레이가 실용화되어 이것을 차세대 디스플레이로서 기대와 선망의 눈으로 보고 있다. 액정 디스플레이와 플라스마 디스플레이가 30~40년의 역사를 가지고 있는 사실을 생각하면 유기 EL은 지금부터의 기술 분야라고 할 수 있다.

많은 재료 및 디스플레이 업체가 이 분야에 높은 관심을 나타내어 연구 개발을 진전시키고 있으며 새로 이 분야에 참여하는 업체도 있다.

유기 EL은 기술적으로나 학술적으로 아직 체계화되어 있지 않다. 기술적으로는 시행착오를 반복하면서 실용화가 진행되고 있는 상황이다. 유기 EL 발광의 동작 기구에는 전하 캐리어인 전자와 정공을 유기 박막으로 주입하는 주입 현상, 수송 현상, 재결합, 유기 분자의 여기 상태의 생성, 여기 에너지의 이동, 발광과 여러 물리 현상들을 포함한다. 동작 기구의 자세한 내용은 실리콘 또는 화합물 반도체를 사용하는 전자 디바이스와 비교하면 거의 알려져 있지 않다.

그 바탕에는 유기(분자) 재료라고 하는 전자적 기능면에서 미지의 물질에 대한 기능을 이용하고 있다는 사실이다. 그러나 유기 EL 디스플레이의 실용화를 도모하기 위해서는 기본 물성을 밝혀서 근본적인 성능 향상이 반드시 필요하다.

본질적인 재료·디바이스 물성의 체계화를 위해 적극적으로 대처할 필요가 있다. 물론 현재의 이해 또는 지식이 5~6년 후에는 옛것이 될 가능성이 있으며 이와 같이 책으로 정리하는 것은 어느 의미에서는 위험할 수도 있다. 그러나 이 책을 통해 관계자의 연구 개발을 진전시키는 데 일조하고 유기 EL 분야의 발전에 기여할 수 있으면 하는 바람으로 이 책을 썼다. 이 책에서는 기초적인 부분을 중요시하고 있지만 한편으로는 학술적인 면으로만 치우치지 않도록 유기 EL 디바이스 개발에 관한 여러 동향에 대해서도 기술하였으며 전문가 이외의 독자들도 참고할 수 있는 내용으로 정리하였다.

이 책은 2003년 여름에 정식으로 집필 의뢰를 받아 집필을 진행하였으며 이 책에 기술할 수 없는 내용도 많아서 저자의 기본 지식에 의한 집필로 볼 수 있다. 전문 용어에 대해서는 가능하면 저자들 간에 통일되도록 노력하였으나 불충분한 부분도 있을 것으로 생각되며 이에 독자 여러분의 의견을 기다린다. 이 책으로 유기 EL 디스플레이 연구 개발의 현상을 조금이나마 알 수 있고 학술적으로도 이해를 깊게 할 수 있으면 저자들은 큰 기쁨으로 생각할 것이다.

저자를 대표하여　時任靜士

1장 유기 EL 디스플레이의 특징과 과제

2장 기본 구조와 발광 원리

3장 캐리어 주입과 수송 과정

4장 도핑에 의한 고성능화

5장 인광 발광에 의한 고성능화

6장 유기 EL 재료

7장 유기 EL 디스플레이의 개발

8장 유기 EL 소자의 새로운 응용 전개

01

유기 EL 디스플레이의 특징과 과제

디스플레이는 정보를 인간에게 전달하는 맨-머신 인터페이스로 주위에서 흔히 볼 수 있는 TV, PC 모니터와 휴대 전화의 표시부 등 현대 사회에서는 필수적인 전자 디바이스이다. 특히 언제 어디서나 필요한 정보를 얻을 수 있는 '유비쿼터스(Ubiquitos)사회'로 진입함에 따라 그 중요성이 더욱 커지고 있다.

여기에 유효한 공간성, 편리성을 추구하는 인간의 욕구가 더해져 얇고 가벼우면서 구부릴 수 있는 디스플레이를 원하고 있다. 이러한 상황에 유력한 후보로 등장한 것 중 하나가 유기 EL이다.

이번 장에서는 유기 EL의 특징과 역사를 알아보고 차세대 디스플레이로 확고히 자리하기 위해 어떤 개선이 있어야 하는지 알아보기로 한다.

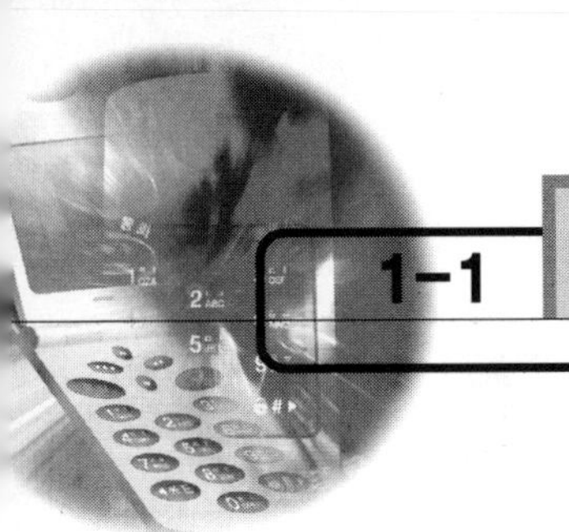

디스플레이는 정보를 인간에게 전달하는 인간(man)-기계(machine) 인터페이스(interface)라고 할 수 있고, 여러분의 주위에서 흔히 볼 수 있는 TV, PC 모니터와 휴대 전화의 표시부 등 현대 사회에서는 필수적인 전자 디바이스이다.[1] 특히 언제, 어디서나 필요한 정보를 얻을 수 있는 '유비쿼터스(Ubiquitos) 사회'로 진입함에 따라서 그 중요성은 더욱 커지고 있다.

지금까지 디스플레이의 주역은 100년의 역사를 갖는 브라운관(CRT : Cathode Ray Tube)으로 전자총에 의해 방출된 전자를 스크린 위의 형광체에 충돌시켜 충돌 전자의 에너지로 형광체를 발광시키는 장치이다. 브라운관은 표시 품질과 콘트라스트 면에서 압도적인 우수성을 가지고 있으며 오랜 기간 동안 TV, PC 등 수많은 분야에서 디스플레이로 사용되었다.

사회의 요구는 무겁고 두꺼운 CRT로부터 유효한 공간에 편리성과 휴대성이 뛰어난 평판 디스플레이로 바뀌는 경향이 있다. 디스플레이의 분류를 그림 1.1에 보여 주고 있다. 평판 디스플레이(FPD : Flat Panel Display)는 그 자체가 발광하는 자발광형과 외부의 광원이나 후면광(back light)을 사용하는 비발광형이 있다.

액정 디스플레이(LCD : Liquid Crystal Display)는 비발광형에 속하며, 플라스마 디스플레이(PDP : Plasma Display Panel)는 자발광에 속한다. 자발광형에는 이 외에도 전계 발광(EL : Electroluminescence) 디스플레이, 넓은 의미에서 발광 다이오드(LED : Light Emitting

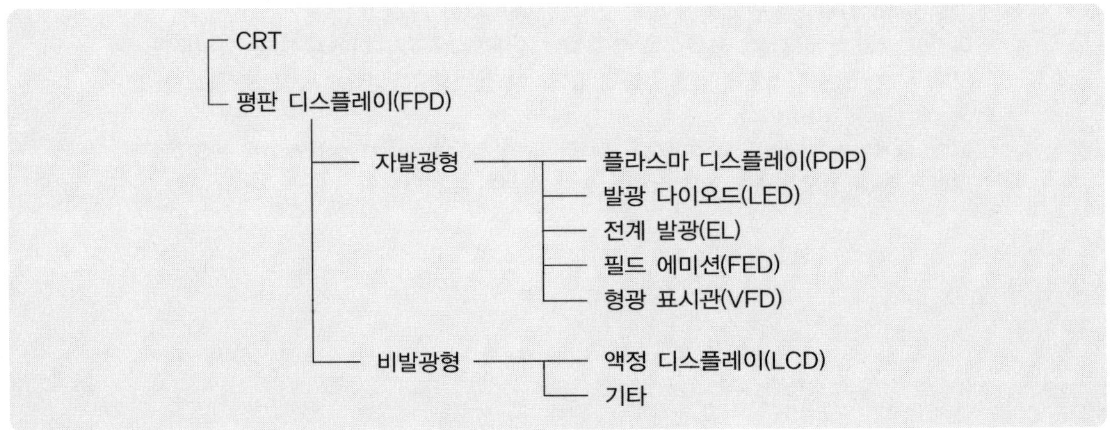

그림 1.1 디스플레이의 분류

Diode)와 형광 표시관(VFD : Vacuum Fluorescence Display)을 포함한다. 이 책에서 취급하는 유기 EL 디스플레이 역시 자발광형 평판 디스플레이의 한 종류이다. 또한 연구 개발 단계이긴 하지만 전계 방출 디스플레이(FED : Field Emission Display)와 전기 영동을 이용한 전자 종이(Electronic Paper) 역시 평판 디스플레이 후보에 속한다.

지금까지 액정 디스플레이와 플라스마 디스플레이가 급속하게 시장을 넓혀가고 있으며 대형화와 고화질화가 진행하고 있다. 약 10년 전에 가정용 TV는 20인치 정도가 표준이었지만 현재는 30~40인치가 표준형으로 되고 있다. 2005년에는 평판 디스플레이 시장 규모가 브라운관의 시장 규모를 넘어설 것으로 예상되며 평판화가 빠르게 진행되고 있음을 보여 준다. 영상 이미지는 종래의 NTSC로부터 주사선 1000본의 고화질 하이비전(Hi-vision)으로 바뀌고 있으며 이에 따라 하이비전 화질의 평판 디스플레이도 보급되고 있다.

유효한 공간성, 편리성을 추구하는 인간의 욕구는 한걸음 더 나아가 얇고 가벼우면서 구부릴 수 있는 플렉시블 디스플레이(flexible display)를 원하고 있다. 유력한 후보로서 전자 종이, 유기 EL 및 분산형 액정을 들 수 있다. 전기영동 기술을 이용한 전자 종이는 흑색이지만 신문지 정도의 해상도가 실현되어 실용화에 진전을 이루고 있다.

분산형 액정은 굴곡 시에도 액정의 표시 능력을 유지하기 위해 고분자 매체의 채용과 격벽을 만들어 사용한다. 이들 전기영동과 액정은 빛의 반사 및 투과성을 이용하여 정보를 표시하기 때문에 어두운 곳에서도 볼 수 있는 디스플레이로 응용하기 위해서는 휘어지는 후면광이 필요하다. 한편 유기 EL은 그 자체가 발광하는 자발광 디바이스이므로 휘어지는 디스플레이로서 유망하다.

흔히 유기 EL 디스플레이라고 하는 유기 전계 발광 디스플레이의 가장 단순한 구조를 **그림 1.2**에 나타냈다. 유리판 등의 기판 위에 유기 EL 소자를 매트릭스(matrix) 형태로 형성한 고체형 평판 디스플레이이다. 음극과 양극을 줄무늬(stripe) 형태로 형성하여, 그 교차하는 부분이 화소(유기 EL 소자)에 해당한다.[2]-[4]

이 화소 부분만을 보면 유기 재료로 된 여러 층의 박막을 음극과 양극이 싸고 있는 샌드위치 구조를 하고 있다. 이 책에서는 영상 표시 디스플레이의 경우 이외에는 유기 EL 소자라는 표현을 사용하기로 한다. 유기 재료는 탄소 원소를 주성분으로 하고 질소, 산소, 수소로 이루어진 분자성 화합물이다. 이러한 유기 EL 소자에 수 볼트의 전압을 인가하여 전류를 흘릴 경우 유기 박막 내에서 발광을 하게 된다. 즉, 전류 주입에 의해 유기 분자를 여기 상태(들뜬상태)로 올릴 경우 원래의 기저 상태(바닥상태)로 돌아올 때 여분의 에너지를 빛으로 방출한다.

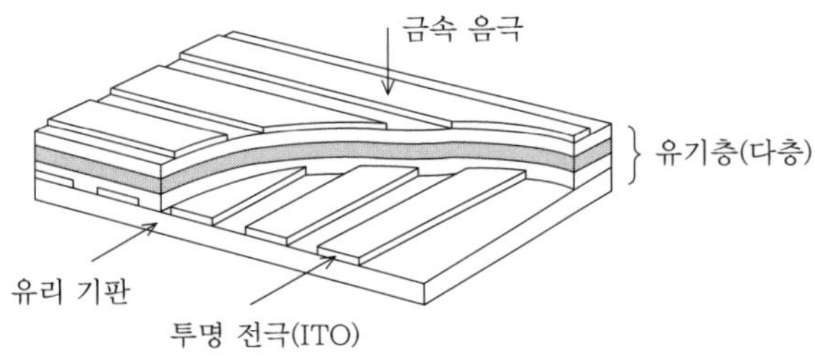

그림 1.2 단색 유기 EL 디스플레이의 구조.
유기층은 발광층을 포함한 다층 구조

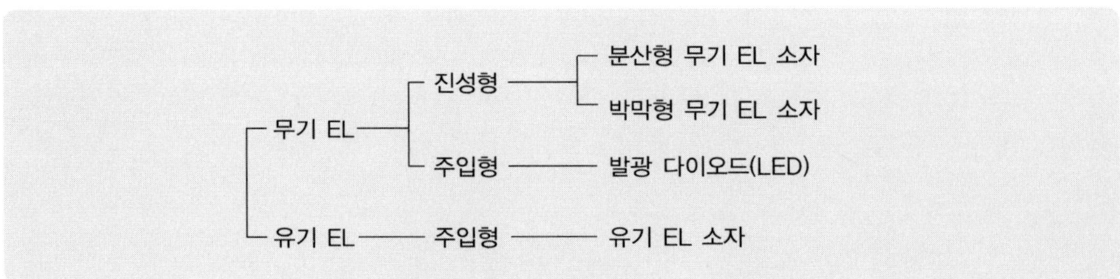

그림 1.3 전계 발광(EL) 현상과 발광 소자의 분류

　빛 방출 시 발광색은 유기 재료(유기 분자) 고유의 색깔을 띈다. 유기 EL 소자에서 EL(발광) 현상은 전극으로부터 전류를 주입함으로써 발광이 일어나는 캐리어 주입형이며 무기 재료를 발광층으로 사용한 진성 형태의 분산형 무기 EL 또는 무기 박막 EL 소자와는 전혀 다른 형태의 소자이다(그림 1.3).[5] 현상학적으로는 무기 반도체를 사용한 발광 다이오드와 유사한 종류로 볼 수 있다.

　여기서, '유기 EL'의 표현에 대해 설명을 추가하기로 한다. 일본에서는 유기 EL(Organic Electroluminescence), 유기 EL 소자(Organic Electroluminescent Device), 유기 EL 디스플레이(Organic Electroluminescent Display)라는 표현을 사용하고 있으나 유럽, 미국에서는 유기 발광 다이오드(Organic Light Emitting Diode)라는 표현을 사용하는 것이 일반적이다.

　이 배경에는 코닥(Kodak)사의 최초의 논문 제목이 「Organic Electroluminescent Diode」이었던 사실과 지금까지의 무기 EL 소자와 대비하여 「유기 EL」이라는 표현을 사용하기 시작한 것으로 생각한다.

　저자는 유기 발광 다이오드 또는 유기 발광 디바이스를 사용하여야 한다고 생각하지만 대부분 「유기 EL」의 표현을 사용하는 현재로서는 다른 표현을 사용하면 혼란스러울 수 있어서 이 책에서는 「유기 EL」로 표현하기로 한다.

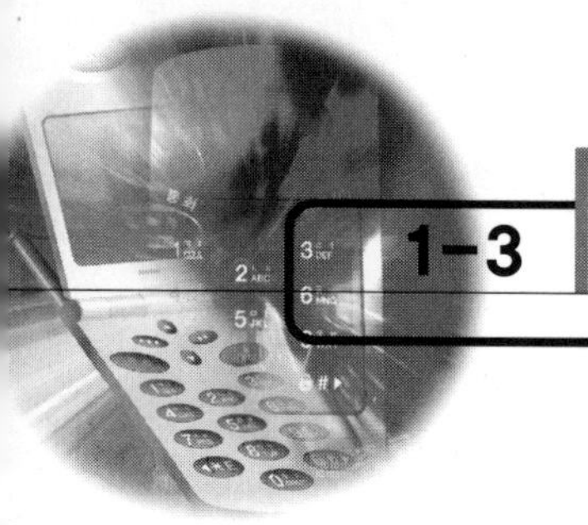

유기 EL 소자 연구에 대한 역사는 오래전인 1950년대로 거슬러 올라간다. Bernanose가 유기 색소를 함유한 고분자 박막에 높은 교류 전압을 인가하여 유기 박막으로부터 발광을 관측하였다. 그러나 관측한 발광은 오늘날 설명하는 EL 현상이 아닌 방전에 유래하는 이차적인 발광으로 이해되고 있다. 그때에 사용한 색소가 오늘날에도 매우 유용하게 쓰이는 알루미키노리놀 복합체(Alq_3)였음은 놀라운 사실이다. 지금까지 유기 EL 연구에 관련된 역사적인 성과를 **표 1.1**에 표시하였으며 그 연구 흐름을 다시 살펴보기로 한다.

1965년 RCA 사는 안트라센 단결정에 고전압을 인가하여 전류를 흘릴 경우 청색 발광이 일어남을 관찰하였다.[6] 안트라센 단결정은 완전한 절연체이지만 적절한 전극 재료를 선택하여 전자와 정공의 주입이 가능하였다. 그 결과 결정 내에서 전자와 정공이 재결합하여 일중항 여기자(singlet exciton)와 삼중항(triplet) 여기자가 생성되고 일중항 여기자가 청색 발광을 하는 것으로 밝혀졌다.[7]

이 청색 발광은 안트라센 결정 자체의 형광 스펙트럼과 일치하였으며 이 시점에서 이미 유기 EL의 기본적인 개념은 확립된 것으로 볼 수 있다. 이어서 1967년에는 단결정으로서 테트라센을 첨가한 안트라센 결정에서 EL 현상에 대한 연구가 이루어졌다. 안트라센에서 주입 캐리어의 재결합과 테트라센 분자로의 에너지 이동에 대해 자세히 연구되었다.

전류 주입을 위한 전극에 관해서도 선도적인 연구가 이루어지고 있다. 음극에 SiO_2와 Al_2O_3의 아주 얇은 박막을 사용한 소자에서 $5 \sim 50 mA/cm^2$의 전류 주입에 성공하였고 60ft의 밝은 휘도가 얻어졌다.[8] 그러나 이들 소자는 모두 단결정이므로 매우 높은 전압 인가가 필요하였으며 재현성에 문제가 있어 결국 디스플레이의 응용에는 부적합하였다.

1970~80년대에 들어 실용화를 의식하고 연구 대상을 단결정에서 박막 형태로 바꾸게 되었다. 1982년 제록스의 연구 그룹은 기판 위에 안트라센 박막을 진공 증착으로 형성함으로써 유기 박막을 사용한 EL 소자 제작에 성공하였다.[9]

박막 두께는 $0.6\mu m$로 단결정에 비해 매우 얇게 형성하였다. 이 박막 EL은 30V의 전압 인가로 실내조명 아래서도 육안으로 확인 가능한 정도의 밝기를 나타내었다. 이 보고 이전에는 단결정으로 수백 볼트의 전압을 인가하여 전류를 크게 하여 주입하는 방법을 택하였으나, 유기 재료

표 1.1 유기 EL 연구의 역사

연 대	보 고	비 고
1965	W. Helflich and W. G. Schneider 안트라센 단결정에 고전계 인가에 의해 전류를 주입하고 일중항과 삼중항 여기자를 생성시켜, 일중항 여기자에서 청색 형광을 얻음	현재의 유기 EL 소자의 원형
1970	H. P. Schwob, et al. 테트라센을 도핑한 안트라센 단결정에 전류를 주입하여 여기자 생성 및 모체 분자에서 게스트 분자로 에너지 이동을 해석	
1970	J. Dresner, et al. 안트라센 단결정에 터널링 주입 전극으로 SiO_2 및 Al_2O_3 초박막 (2~5nm)을 사용하여 50mA/cm² 전류 주입 성공 및 60ft의 휘도를 얻음	
1979	G. G. Roberts, et al. 안트라센의 LB막에서 전계 발광을 관측	
1982	P. S. Vincent, et al. 0.6μm의 안트라센 박막을 진공 증착법으로 제작하고, 12V의 저전압에서 발광 관측. 소자의 안정성과 데이터 신뢰성을 대폭 개선함. 페릴렌 증착막에서도 유사한 결과를 얻음.	
1983	R. H. Partridge 폴리비닐카르바졸(PVK)에 형광 색소(테트라페닐부타디엔(TPB) 및 페릴렌을 도핑한 박막에 정공 주입 전극으로 $SbCl_5$, 전자 주입으로 Cs을 사용하여 청색 발광 관측. TPB와 아크리진을 도핑한 소자에서 백색 발광 얻음	색소 분산 고분자 EL 소자
1986	林省治 등. 페릴렌 증착막의 유기 EL 소자의 정공 주입층으로 전도성 고분자인 폴리 3-메틸티오펜을 사용하여 발광 개시 전압을 저하시킴.	
1987	C. Tang and S. A. VanSlyke 전자적 성질이 다른 알루미키놀리놀 복합체와 방향족 아민의 2층 구조에 ITO와 Mg Ag을 음극으로 사용하여 10V에서 1000cd/m²의 휘도와 외부 양자 효율 1%를 실현	현재의 유기 EL의 기본
1988	安達, 時任, 筒井, 齊藤 정공 수송층, 발광층, 전자 수송층의 3층 구조를 제안하고, 발광층에 안트라센, 코로넨, 페릴렌을 사용하여 3색을 발광시킴.	
1989	C. W. Tang, S. A. VanSlyke and C. H. Chen Alq_3를 모체로 쿠마린 또는 DCM을 도핑한 박막에서 발광색의 변환, 발광 효율을 2배 이상 개선. 캐리어 재결합, 에너지 이동을 이론화	도핑형 유기 EL 소자의 확립
1990	N. C. Greenham, et al. 폴리파라페닐렌비닐렌(PPV) 박막을 ITO와 Ca 전극 구조로 된 소자에서 전계 발광을 확인	현재의 고분자 EL 연구의 기본

를 박막화함으로써 획기적으로 저전압화가 실현되었다. 이 결과 데이터의 재현성이 커지고 소자 수명 역시 크게 개선되어 10분 이상 연속적으로 강한 발광을 관측하였다.

유기 EL 연구는 저분자 재료에 국한되지 않고 고분자 계통의 재료를 이용하여 개발하게 되었다. 1983년에는 영국 국립물리연구소에서 고분자 재료인 폴리비닐카르바졸(PVK)을 모체(host)로 사용하고 페릴렌 또는 테트라페닐부타디엔 등 발광성 색소를 도핑한 유기 EL 소자를 제작하여 색소에 의한 발광이 관측되었다.[10]

전극 물질에도 연구가 이루어져 정공 주입용으로 $SbCl_5$, 전자 주입으로 Cs을 사용하였다. 또한 두 종류의 색소를 도핑하여 백색 발광을 얻은 연구 성과도 보고되었다. 색소를 도핑한 고분자 유기 EL 소자의 개념은 이미 이 시점에 이르러 확립하였지만 밝기와 안정성 면에서 실용적인 수준에는 크게 미치지 못하고 있었다.

저분자 계통에서도 안트라센 등을 중심으로 진공 증착법에 의한 박막 형태의 유기 EL 연구가 진전되었다. 그러나 이들 박막은 결정 집합체(다결정) 박막이었고 많은 결정 입계 또는 결함이 존재하였으며 이들 결함들이 불안정성의 요인이 되어 안정한 EL 발광을 관측하는 데는 어려운 상황이었다.

1980년대 중반 규슈대학에서 색소 증착막에 의한 유기 EL의 연구가 진행되었다. 강한 형광을 나타내는 피라졸린의 경우 균일한 비정질(amorphous) 박막을 만들 수 있음을 알고 전자 주입층으로 Al, 정공 주입층으로 ITO(Indium Tin Oxide)를 사용한 소자를 제작하였다. 정현파 전압을 인가한 경우 ITO 측에 정(+) 전압을 인가할 경우에만 발광이 관측되었다.[11]

또한 정공 주입 성능을 개선하기 위해 ITO 전극과 페릴렌 증착막 사이에 전계 중합으로 얻게

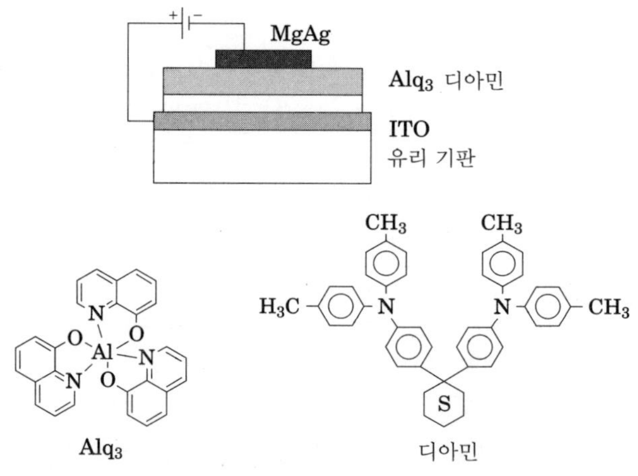

그림 1.4 코닥사가 제안한 유기 EL 소자 구조

되는 폴리티오펜 박막을 끼워 넣은 소자[12] 구조에서 구동 전압이 크게 낮아짐을 보고하였다. 더욱 흥미 있는 사실은 2종류의 피라졸린을 진공 증착법으로 적층한 소자도 보고되었다.

이와 같이 1985년도에 이미 유기 EL에 관한 많은 사실들이 알려졌지만 실용화에는 아직 이르지 못하였다.

1987년에 현재의 유기 EL 연구의 시금석이 되는 획기적인 연구 성과가 이스트만코닥사로부터 학술 논문 형태로 보고되었다.[13] 다만, 주목해야 할 점은 유사한 내용의 특허가 1983년경에 출원되었다는 사실이다. 전자적 성질이 다른 2종류의 유기 재료를 박막 형태로 적층하여 10V 정도의 작은 전압으로 $1000cd/m^2$의 발광 강도(휘도)가 얻어졌다(그림 1.4).

2층의 전체 두께는 100nm였고 지금까지의 증착 박막보다 10배 정도 얇은 두께로 제작되었다. 전자 주입 전극으로는 MgAg 합금을 사용하였다. 이 소자 개발을 통해 저전압에서도 효율적인 전자와 정공의 주입이 가능하게 되었으며 안정한 발광 현상을 얻을 수 있었다. 특히 1989년에는 발광층에 다른 발광 재료를 도핑하여 발광색을 변화시키고 발광 효율도 2배로 개선하였다는 보고가 있었다.[14] 이러한 도핑 방법은 그 후 일반적인 기술로서 넓게 활용되고 있다.

1990년 케임브리지 대학의 연구 그룹은 주 고리 주위에 공역계를 가지는 폴리파라페닐렌비닐렌(PPV)의 단층 박막에서 EL 발광을 관측하였다고 발표하였다(그림 1.5).[15] 당시 PPV는 도전성 고분자 재료 및 비선형 광학 재료로 널리 연구되고 있었다. 저자 역시 PPV와 그 유도체에 대한 전자 물성을 연구하였고 PPV가 강한 형광을 나타내는 사실을 밝힌 바 있다.[16] 그러나 이 박막을 EL 재료로 이용하고자 하는 생각에는 미치지 못하였다. 케임브리지 대학에서 보고한 이후 폴리페닐렌 또는 폴리티오펜과 그 공중합 고분자를 이용한 고분자 유기 EL 연구가 급속히 전개되었다.

일본 내에서의 연구는 코닥사의 발표를 계기로 저자가 소속된 규슈대학의 연구 그룹이 활발하게 연구를 수행하여 새로운 소자 구조의 탐색, 새로운 발광 재료, 발광 기구에 관한 성과를 학회에서 발표하였다.[17]~[19] 1988년에 전자 수송층과 정공 수송층을 끼워 넣은 3층 구조의 소자를 제

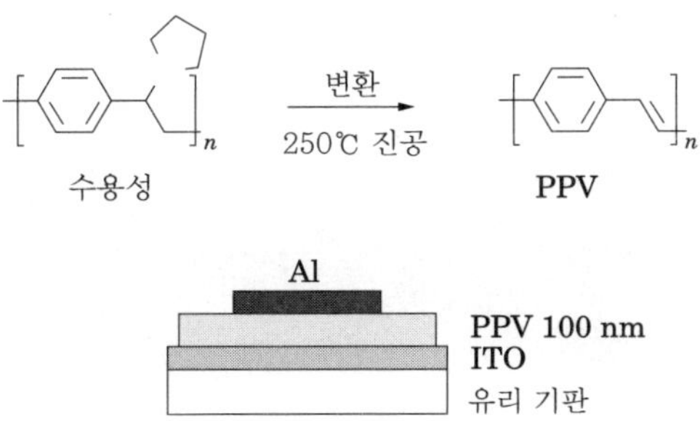

그림 1.5 케임브리지 대학에서 보고한 PPV를 사용한 고분자 유기 EL 소자

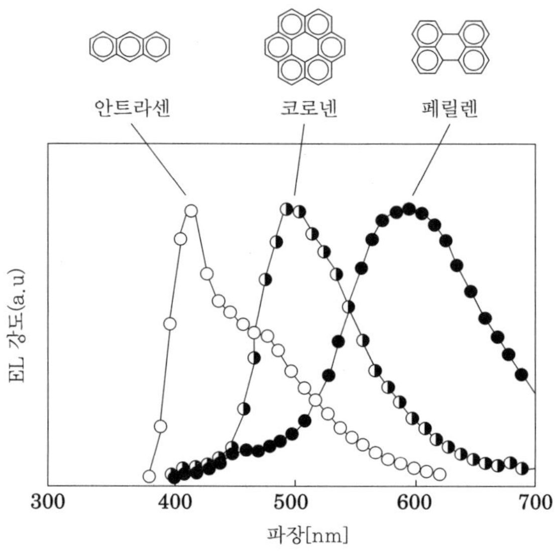

그림 1.6 규슈대학에서 보고한 3층 구조의 유기 EL 소자

안하였다. 이 구조에 안트라센, 코로넨, 페릴렌 등의 발광 재료를 사용하여 여러 발광색을 실현 시킴으로써 그 유효성을 실험적으로 실증하였다(그림 1.6).

현재 실용화가 진행되어 있는 많은 유기 EL 소자 구조는 이러한 3층 구조를 기본으로 하고 있다. 이러한 연구 활동에 자극 받아서 많은 기업이 유기 EL 분야에 참여하여 차세대 평판 디스플레이 응용을 목표로 연구, 개발을 시작하였다. 또한 당시 규슈대학 이외에도 出光興産(주) 중앙 연구소, 凸版印刷(주) 종합연구소, NEC(주) 기능전자연구소의 연구 그룹이 적층형 유기 EL의 연구를 시작하였다. 고분자 유기 EL 소자에 있어서는 스미토모화학공업(주) 연구 그룹이 PPV의 도전성 연구를 수행하고 있었으며 EL 현상에 관해서도 케임브리지 대학과 거의 같은 시기에 발광 현상을 확인하였다.

1990년대 후반에 들어 파이오니아와 일본화약화학품 연구소에서 키나크로돈이라 불리는 안료 계 색소를 발광층에 도핑한 유기 EL 소자를 제작하여 10 lm/W의 매우 큰 전력 효율을 얻었다고 보고하였다.[20] 유기 EL 소자는 불안정하고 실용적인 수명을 실현하기 어렵다고 인식되었지만

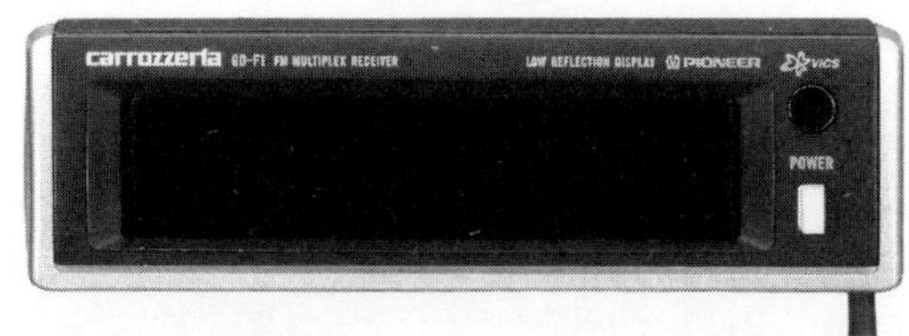

그림 1.7 세계 최초의 유기 EL 디스플레이 실용화.
차량 탑재용 라디오의 화면 패널(사진 제공 : 파이오니아)

같은 소자 구조로 휘도가 절반으로 줄어드는 시간(반감 수명)이 10000시간에 이르러 실용화가 현실화될 수 있음을 보여 주었다.[21]

발광 재료로는 가장 개발이 어려운 청색 발광에서도 出光興産의 연구 그룹에 의해 독자적인 분자 설계에 기초한 재료가 개발되어 풀컬러화를 재촉하는 계기가 되었다.[22]~[23]

1997년 기다리던 유기 EL 디스플레이의 실용화가 파이오니아에 의해 이루어졌는데 차량 탑재용 오디오 기기의 전면 패널에 사용한 수동(passive) 구동의 녹색 디스플레이였다(그림 1.7). 가장 우려되는 신뢰성에 대해서도 큰 문제없이 시장에 진입하게 되었다. 이들 유기 EL 디스플레이의 최초의 현장 시험(field test)이 되었으며 이로써 유기 재료는 불안정하여 능동 전자 부품으로 사용하기 어렵다는 선입관을 제거한 것으로 유기 EL 연구는 더욱 더 가속화되었다.

유기 EL 디스플레이의 특징

평판 디스플레이는 액정 디스플레이와 플라스마 디스플레이 이외에도 무기 EL 디스플레이, 형광 표시관 및 FED를 포함한다. 각각의 특징에 서로 장단점이 있으며 디스플레이로서 요구되는 모든 조건을 만족하는 완전한 디스플레이는 존재하지 않는다고 봐야 할 것이다.

그중에서도 액정 디스플레이가 시장에 침투하여 가장 성공한 경우이다. 당연히 유기 EL 디스플레이는 액정 디스플레이와 비교될 만하다. 표 1.2에 액정 디스플레이와의 비교표를 보여 주고 있으며, 유기 EL의 특징을 열거하면 다음과 같다.[24]~[26]

① 자발광형이므로 콘트라스트(contrast)가 높다.
② 시야각 의존성이 없어서 시인성이 우수하다.
③ 응답 속도가 매우 빠르기 때문에 동화상 표시에 적합하다.
③ 패널 구조가 간단하기 때문에 매우 가볍고 얇게 만들 수 있다.
⑤ 패널 구조가 간단하여 제조 공정을 단순화시킬 수 있어서 저가격화가 가능하다.
⑥ 완전 고체 구조이므로 견고하다.
⑦ 플라스틱 필름 등을 사용한 경우 플렉시블 디스플레이가 가능하다.

표 1.2 유기 EL 디스플레이의 특징

	투과형 LCD (후면광 부착)	반사형 LCD	유기 EL
경량·박형	△	○	◎
휘도·콘트라스트	◎	△	○→◎
응답 속도	△	△	◎
시야각	△→○	△→○	◎
소비 전력	○	◎	△→○
수명	◎	◎	△→○
가격	○	◎	○

　유기 EL 소자의 발광은 외부로부터 전압을 인가할 경우 전자와 정공의 주입이 일어나며 유기 재료(분자)의 여기 상태를 발생시킨다. 이때 여기된(excited) 캐리어가 원래의 안정한 에너지 상태로 돌아올 때 여분의 에너지를 그 재료의 고유한 빛으로 방출하게 된다. 발광 현상은 나노초(nano second)에서 마이크로초(micro second)로 매우 빠르게 일어난다. 액정 디스플레이와 비교할 때 자발광이면서 빠른 응답 속도를 갖는 점이 우수하다.

　유기 EL 소자는 디스플레이 이외에도 조명 기기 등의 광원으로서 응용도 기대된다. 발광층에 여러 층의 발광 영역을 만들거나 또는 여러 발광 재료를 혼합함으로써 복수의 발광을 동시에 얻을 수 있는 백색 발광이 가능하다. 따라서 매우 얇고 가볍고 안전하면서 값싼 광원을 만들 수 있어서 조명 세계를 크게 변화시킬 수 있다.

　5~6년 전까지만 해도 '유기 EL'은 생소한 용어였지만 오늘날에는 디스플레이 관련 전시회에서 없어서는 안 될 존재가 되어 버렸다. 이로서 대선배인 액정 디스플레이와 플라스마 디스플레이에 이어서 평판 디스플레이의 시민권을 얻은 상태라고 할 수 있다.

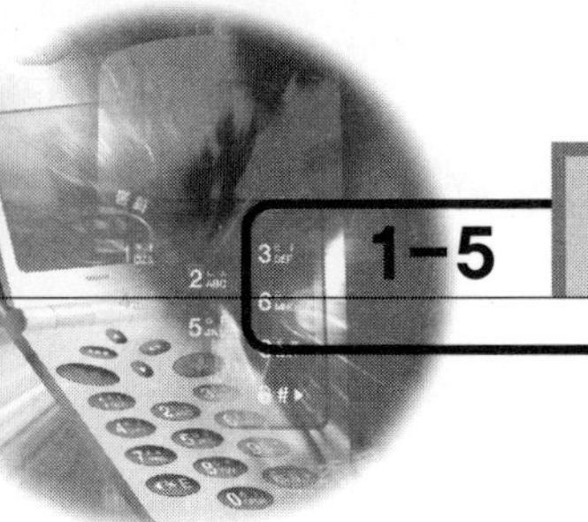

유기 EL 디스플레이의 개발 동향

기본적인 재료와 소자 구조의 연구와는 별개로 디스플레이로서 현실적인 검토가 1992년경부터 녹색, 황색 발광에서 진전이 있었다. 동화면 표시가 가능한 풀컬러 유기 EL 디바이스의 시작품은 1995년 4인치가 최초인 것으로 생각된다. 휘도 특성은 아직 충분하지 않았지만 기념할 만한 풀컬러를 실현한 것이다. 지금까지 제작된 풀컬러 디스플레이의 화면 크기 추세를 그림 1.8에서 보여 주고 있다.[26]

1998년경부터 디스플레이 제작이 활발하게 이루어져 2001년부터는 휴대 전화 등에 응용을 목적으로 2인치급의 소자 제작과 더불어 TV에 응용하기 위해 중형에서 대형에 이르기까지 시작품이 출시되었다. 초기에는 단순한 매트릭스(matrix)의 수동형(passive type) 구동 방식을 중심으로 디스플레이가 제작되었지만 최근에는 트랜지스터(transistor)로 구동하는 능동형(active type) 구동 방식이 주류를 이루고 있다.

2003년 미국 보스톤에서 개최된 SID(Society for Information Display) 학술 대회에서도 몇몇 새로운 소자가 보고된 바 있다. 저온 폴리실리콘 TFT(Thin Film Transistor) 기판을 사용한 2인치급, 대형으로는 15.5인치형 패널, 12인치형 패널을 4매 조합하여 24.2인치형 패널을 선보이기도 하였다. 모두 표시색 수가 26만색, 콘트라스트비가 200 이상을 실현한 제품들이었

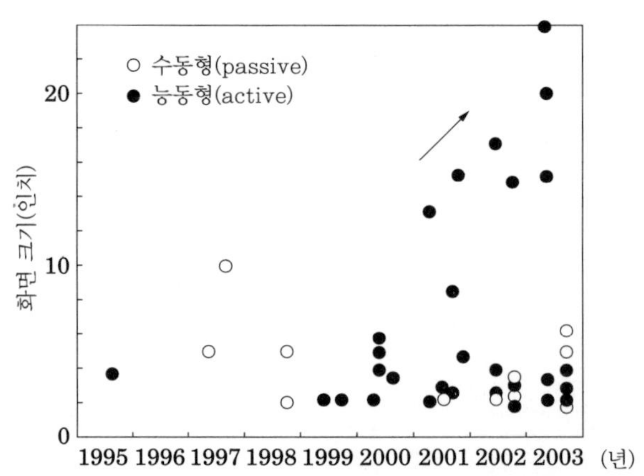

그림 1.8 지금까지 제작된 풀컬러 디스플레이의 화면 크기

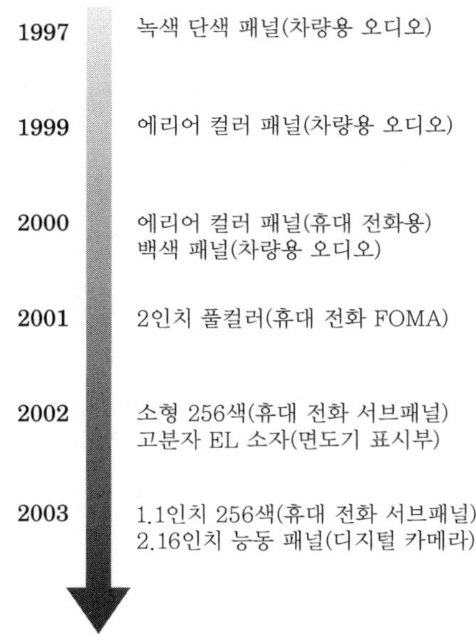

그림 1.9 유기 EL 실용화의 역사

다. 휘도 역시 200~300cd/m²를 실현하였다. 아직까지 화질에서 문제를 가지고 있는 시작품은 있지만 유기 EL의 특징인 얇고 높은 시인성을 갖는 디스플레이가 제작되었다. 또한 비정질 실리콘(a-Si) TFT 기판을 사용한 20인치 패널 제품도 전시되었다. 완성도에는 아직 문제가 있지만 a-Si TFT를 사용하여 풀컬러 디스플레이를 제작한 것은 의의가 크다고 할 수 있다.

최근에는 20인치 저온 폴리실리콘 TFT를 4매 조합한 40인치 유기 EL 디스플레이의 시작품이 공개되었으며 휘도는 50 cd/m² 정도이나 대형화의 가능성을 보여 준 훌륭한 성과이다. a-Si TFT를 사용함으로써 더욱 더 대형화의 가능성은 커지게 되었다.

실용화의 예로써 도호쿠파이오니아가 1997년에 생산을 시작한 녹색 패널(그림 1.7)이 최초이었다. 그림 1.9에 대표적인 실용화의 역사를 간략히 나타내었다.

1999년 도호쿠파이오니아사는 녹색 패널을 에리어 컬러 형태로 발전시켰다. 2000년에는 에리어 컬러로 된 소형 패널을 모토로라사의 휴대 전화에 채용하여 휴대 전화에 탑재한 최초의 제품이 되었다.

같은 해 TDK에서도 차량용 오디오에 백색 발광을 기본으로 한 패널을 상품화하였다. 2001년에는 삼성과 NEC의 합병 회사인 SNMD에서 2인치 컬러 패널을 FOMA의 휴대 전화에 실용화하였는데, 이것이 풀컬러 실용화 제1호 제품이다. 2002년, 256색의 소형 컬러 패널이 한국 내의 휴대 전화에 본격적으로 탑재되기 시작하였다.

2003년에는 컬러 디스플레이의 실용화가 계속 이어져 도호쿠파이오니아는 휴대 전화의 보조 패널(sub panel)에 1.1인치형 256컬러를 상품화하였다. 또한 산요전기와 이스트만코닥사의 합병 회사인 SKD는 2.16인치 능동 구동형 컬러 패널을 디지털 카메라의 화면에 상품화하여 세계 최초로 능동 구동 패널의 실용화를 이루었다.

지금까지 소개한 유기 EL 디스플레이는 모두 저분자 EL 소자를 사용한 제품이며 고분자 EL 소자의 실용화도 2002년에 필립스의 전기면도기 표시부에 황색 패널을 채용한 바 있다. 앞으로 상품화를 위한 패널 크기는 3인치에서 5인치로 진행되어 장래에는 당연히 TV에 응용될 것으로 기대된다.

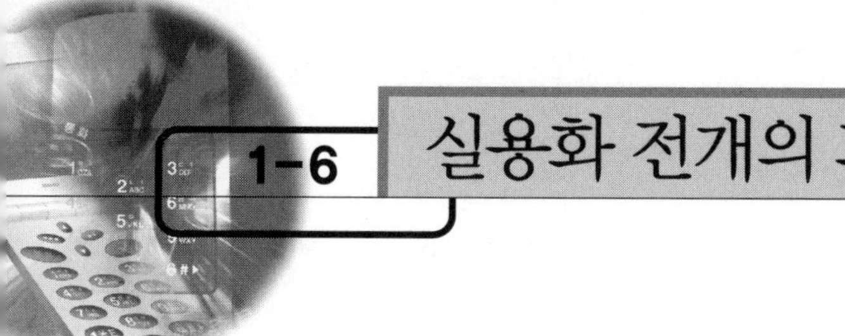

유기 EL 디스플레이의 특징은 평판 디스플레이로서는 이상적이라 생각한다. 시작품 수준이긴 하지만 2mm 이하의 두께로 1~40인치 크기의 고화질, 고시인성의 디스플레이가 실현될 수 있다. 그러나 현실적으로 액정 디스플레이와의 경쟁 시에 몇 가지 과제를 안고 있어 실용화가 지연되고 있다. 커다란 과제로서는 다음 3가지를 들 수 있다.

① 소비 전력을 낮출 것
② 신뢰성을 향상시킬 것
③ 가격을 낮출 것

디스플레이의 소비 전력을 낮추기 위해서는 유기 EL 화소(소자)와 디스플레이에서 발광 효율을 개선할 필요가 있다. 유기 EL 소자의 발광 효율은 사용하는 유기 재료와 소자 구조와 관련이 있으며 디스플레이의 경우는 구동법을 포함하여 패널의 구조 역시 발광 효율을 크게 좌우하게 된다. 신뢰성은 실용화할 경우 중요한 과제로 떠오르며 어떤 이유로 발생하는 화소 내의 국부적인 단락은 화면상에 비발광의 선 결함 또는 점 결함을 가져오게 된다. 시간이 지남에 따라 발생하고 성장하는 비발광점인 흑점(dark spot)과 전체적으로 휘도가 저하되는 현상은 재료 자체의 안정성과 디스플레이의 완성도에 의존한다.

초기 휘도가 반으로 되는 시간을 '반감 수명'이라 부르며 재료와 소자의 신뢰성을 표현하는 데 사용한다. 가격을 낮추기 위해서는 적절한 재료의 사용, 디스플레이 구조 및 제조 공정의 선택 등에 의해 결정된다. 이러한 과제를 해결하기 위한 사례로서 다음을 들 수 있다.

① 고효율 발광이면서 안정한 유기 재료의 개발
② 유기 EL 소자 구조의 최적화
③ 컬러화 기술을 포함한 패널 구조의 최적화
④ 저분자계 또는 고분자계에 적합한 제조 공정의 개발

지금까지의 연구 개발은 시행착오가 반복되면서 진행되어 왔다. 앞으로는 지금까지의 경험적인 데이터베이스를 기초로 앞서 기술한 과제 해결에 적용하게 될 것이다. 그러나 유기 EL 소자의 근본적인 성능 향상을 위해서는 물리 현상을 이해하고 그 원리에 기초하여 재료 설계와 소자 구조의 최적화가 반드시 필요하다.

참고 문헌

(1) 谷千束 : 디스플레이先端기술, p.1, 共立出版 (1998)

(2) 安達千波失, 筒井哲夫, 齋藤省吾 : 텔레비전학회지, 44, 5, p.578 (1990)

(3) 筒井哲矢 : 응용물리, 66, 2, p.109 (1997)

(4) T. Tsutsui : MRS Bulletin, p.39 (1997)

(5) Y. A. Ono : Electroluminescent Displays, p.7, World Scientific (1995)

(6) W. Helfrich and W.G.Schneider : Phys.Rev.Lett., 14, p.229 (1965)

(7) W. Helfrich and W.G.Schneider : J.Chem.Phys., 44, p.2902 (1966)

(8) J. Dresner and A.M.Goodman : Proceedings of The IEEE, p.1868 (Nov.1970)

(9) P.S.Vincentt, W.A.Barlow, R.A.Hann and G.G.Roberts : Thin Solid Films, 94, p. 171 (1982)

(10) R.H.Partridge : Polymer, 24, p.748 (1983)

(11) S.Hayashi, T.T.Wang, Y.Uchida and S.Saito : Mol.Cryst.Liq.Cryst.Lett., 2, p.201 (1985)

(12) S.Hayashi, H.Etoh, S.Saito : Jpn.J.Appl.Phys., 25, p.L773 (1986)

(13) C.W.Tang and S.A.VanSlyke : Appl.Phys.Lett., 51, p.913 (1987)

(14) C.W.Tang, S.A.VanSlyke and C.H.Chen : J.Appl.Phys., 65, p.3610 (1989)

(15) J.H.Burroughes, D.D.Bradley, A.R.Brown, R.N.Marks, K.Mackay, R.H.Friend, P.L.Burns and A.B.Holmes : Nature, 347, p.539 (1990)

(16) S.Tokito, S.Saito and R.Tananka : Makromol.Chem., Rapid Commun., 7, p.557 (1986)

(17) C.Adachi, S.Tokito, T.Tsutsui and S.Saito : Jpn,J,Appl.Phys., 27, p.L713 (1988)

(18) C.Adachi, T.Tsutsui and S.Saito : Appl.Phys.Lett., 57, p.531 (1990)

(19) 筒井哲夫 : 월간디스플레이, 1996년 7월호, p.35 (1996)

(20) 村山龍史, 川見 伸, 脇本健史, 佐藤 均, 仲田 仁, 竝木徹, 今井邦男, 野村正治 : 제55회 응용물리학관계 연합강연회子稿集, 29p-ZC-15 (1994)

(21) T.Wakimoto, Y.Yonemoto, J.Funai, M.Tsutida, R.Murayama, H.Nakada, H. Matsumoto, S.Yamamura and M.Nomura : Synth.Met., 91, p.15 (1997)

(22) 松浦正英, 東 久洋, 東海林弘, 細川址潮, 楠本 正 : 응용물리, 62, 10, p.1015 (1993)

(23) C.Hosokawa, H.Higashi, H.Nakamura and T.Kusumoto : Appl. Phys. Lett., 67, p. 3853 (1995)

(24) 吉野和美 : 유기 EL의 이야기, 일간공업신문사 (2003)

(25) 城戸淳二 : 유기 EL의 전부, 일본實業出版社 (2003)

(26) 時任靜士 : 액정, 8, 1, p.8 (2003)

유기 EL 디스플레이

기본 구조와 발광 원리

본 장에서는 유기 EL 소자에서 발생되는 기본적인 동작 기구와 어떤 요소들이 발광 효율을 지배하고 있는지 알아본다. 유기 EL 소자의 기본 구조에서 효율 향상을 위한 적층 구조의 특징과 대표적인 유기 소자의 특성을 예시하였으며 고효율화를 위한 새로운 소자 기구를 살펴보았다. 백색 발광 유기 EL 소자의 구조와 발광 원리에 대해 간략히 설명하였다. 유기 EL 소자의 제작 방법과 제작된 소자에 대한 특성 평가 방법에 대해 설명하였다.

1 ▶▶ 기본적인 동작 기구

그림 2.1에 가장 기본적인 단층형 유기 EL 소자의 동작 기구를 나타내고 있다. 보통 약 100nm 정도의 두께를 갖는 유기 발광막 양 끝단에 양극(ITO)과 음극(cathode)을 형성한다. 양극에서는 유기 발광층의 정공 전도 준위로 정공이 주입되고 음극으로부터는 전자 전도 준위로 전자가 주입된다. 이 현상을 캐리어 주입 현상[1]이라 부른다.

대표적인 정공 주입 전극으로는 0.5eV의 일함수를 갖는 ITO(Indium Tin Oxide)를 들 수 있다. 유기층은 5.0~6.5eV 정도의 정공 전도 준위를 가지는 경우가 대부분이다. 이 경우 양극과 유기층 사이에는 ~1eV에 이르는 꽤 높은 에너지 장벽이 존재한다. 또한 음극으로부터의 전자 주입의 경우도 비슷한 정도의 에너지 장벽이 존재하기 때문에 효율이 우수한 정공과 전자의 주입 과정을 실현하기 위해서는 박막 계면에서 에너지 장벽을 낮출 필요가 있다.

무기 반도체 개념에서 보면 이와 같은 높은 에너지 장벽을 넘어서 전하가 주입되는 현상은 매우 어려운 일이지만, 실제 유기층에서는 전하가 주입되어 전류가 흐른다(이와 같이 큰 에너지 장벽을 넘어서 전하가 주입되는 메커니즘(mechanism)에 대해서는 3장에서 자세히 설명한다). 한편 주입된 정공과 전자는 전계 구배(전압 차이)를 구동력으로 하여 인접 분자 사이에서 전자 교

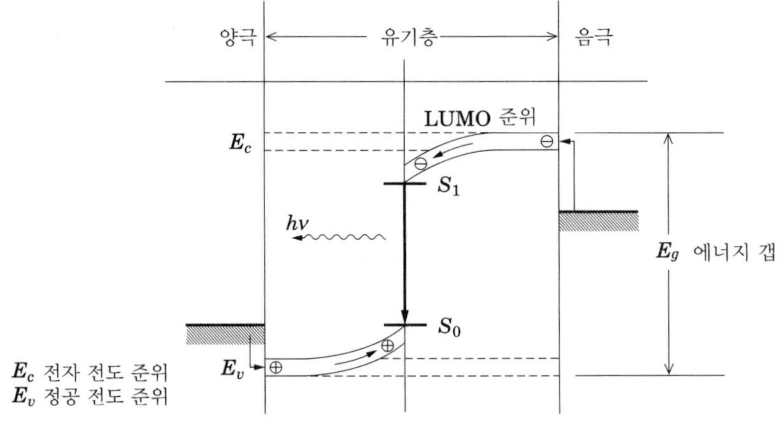

그림 2.1 단층형 유기 EL 소자의 동작 메커니즘

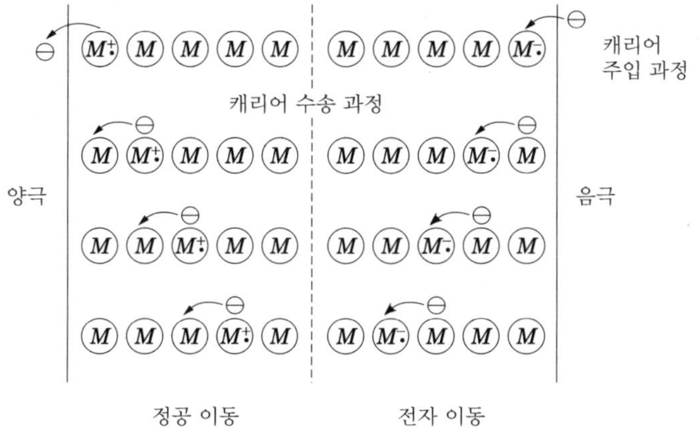

그림 2.2 캐리어 주입·수송 과정

환(산화·환원)을 일으키며 캐리어들은 반대 전극으로 이동하여 간다. 이러한 현상을 화학 용어로 기술하면 정공 이동, 전자 이동은 각각의 인접 분자 사이에서 산화·환원 반응을 반복하는 과정이라고 할 수 있다(그림 2.2). 양극 계면에서는 분자가 산화되고 음극에서는 분자가 환원되어 라디칼 양이온(radical cation), 라디칼 음이온(radical anion)이 생성된다. 그리고 인접 분자 사이에 산화·환원 반응이 반복되어 유기층 내를 라디칼 양이온, 라디칼 음이온이 이동하여 가는 과정이 캐리어 수송 과정이라고 이해할 수 있다.

일반적으로 비정질계의 유기 박막에서는 반데르발스 힘(Van der Waals force)을 매개로 하여 분자 결합체를 이루고 있다. 분자 간에 상호 작용은 보통 수 meV 정도로 매우 약하다.[2] 이 때문에 분자 고립성이 유지되어 밴드(band) 형성은 거의 발생하지 않을 것으로 생각할 수 있다. 원래 안트라센 등 방향족 단결정은 규칙 정연한 π 전자계가 중복될 경우 좁은 밴드의 형성이 가능함을 지적하고 있다[3],[4] (그림 2.3(a)). 비교를 위해 Ge 에너지 밴드 구조를 그림 2.3(b)에 나타내었다. Ge 원소에 비해 안트라센의 밴드 폭이 매우 좁다는 사실을 알 수 있다. 이 경우 전극에서 주입된 전자와 정공은 좁은 밴드 폭 내를 전도하여 이동할 수 있다. 따라서 어떤 분자에서 전자와 정공이 재결합한 경우 전자·정공대(쌍)를 만들어 분자 여기자(exciton)를 형성하게 된다(그림 2.4). 한편 재결합하지 않은 캐리어는 반대편 전극으로 향하는 비재결합성의 전류로서 발광에는 기여하지 않는 전류 성분이 된다.

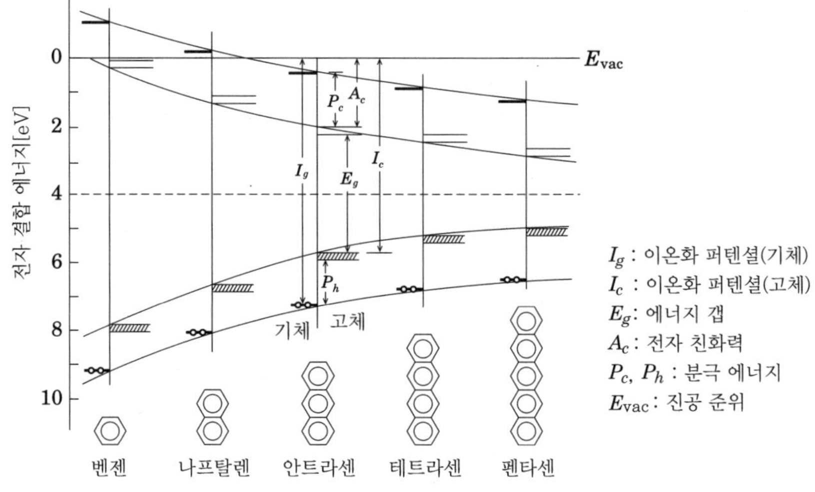

(a) 축합 다환 방향족 단결정의 에너지 밴드 도표

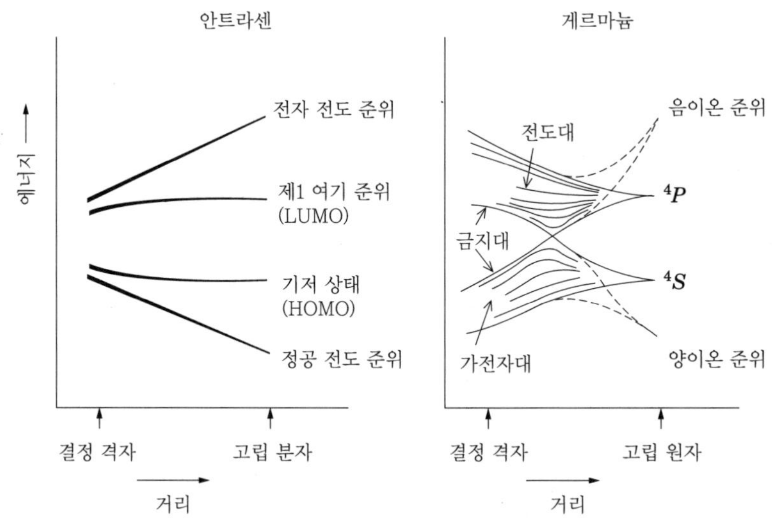

(b) 안트라센 및 게르마늄의 에너지 상태도

그림 2.3 유기 분자의 에너지 구조

보통, 유기 분자의 기저 상태를 Highest Occupied Orbital(HOMO) 준위, 여기 상태를 Lowest Unoccupied Molecular Orbital(LUMO) 준위로 부른다. LUMO 준위는 최저 여기 일중항 준위 (S_1)에 해당한다. 특히 전자와 정공이 유기물에 주입되어 라디칼 음이온(M^-), 라디칼 양이온(radical cation) (M^+)이 형성될 경우 정공 및 전자의 전자 준위는 엄밀하게는 여기자 결합 에너지가 존재하지 않은 양만큼, HOMO, LUMO 준위 바깥쪽 위치에 전자 전도 준위, 정공 전도 준위가 위치한다(그림 2.3). 보통은 이들 에너지차가 작기 때문에 구별 없이 사용하고 있다.

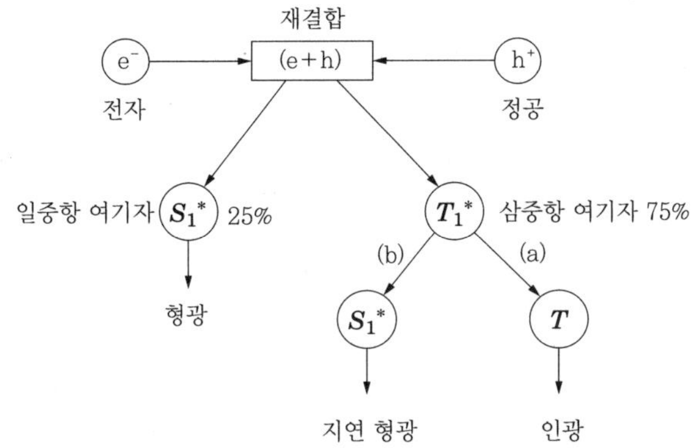

그림 2.4 전자와 정공의 재결합에 의해 생성된 분자 여기자의 생성 과정

삼중항 여기자는 재결합에 의해 인광을 방출하는 과정(a : Prompt Phosphorescence)과 삼중항-삼중항 소멸 (T–T Annihilation)을 거쳐 일중항 여기자를 생성하여 에너지를 방사하는 지연 형광 과정(b : Delayed EL (fluorescence)이 존재한다.

여기서, 전류로 생성된 여기자에는 일중항 여기자(singlet exciton)와 삼중항 여기자(triplet exciton)가 존재한다(그림 2.4). 보통 형광 재료를 사용한 경우에는 일중항 여기자가 발광에 기여하게 된다(다만, 인광 재료를 사용한 경우에는 삼중항 여기자가 발광에 기여한다). 이와 같이 전류 여기로 생성된 일중항 여기자는 광 여기로 생성된 일중항 여기자와 원리적으로는 같은 여기 상태이다. 결국 일중항 여기자는 에너지 방사에 의해 발광 또는 비발광 과정(열방출)을 거쳐 기저 상태로 돌아오게 된다. 발광된 빛은 유기 박막, 투명 전극을 거쳐 유리 기판 표면에서 빛을 방사하여 우리들의 눈에 EL 발광으로 관측된다. 이것이 유기 EL 소자의 발광 메커니즘이다.

② ▶▶▶ 발광 효율의 지배 인자

앞에서 언급한 과정을 그림 2.5에 모식도로 표현하였다. 유기 EL 소자의 외부 양자 효율(η_{ext})은 식 (2.1)과 같이 나타낼 수 있다. ① 전하 균형(charge balance), ② 여기자 생성 효율(η_r), ③ 여기 상태로부터 내부 발광 양자 수율(ϕ_p), ④ 광 방출 효율(η_p)의 4개 항의 곱으로 표현한다. 여기서 전하 균형 γ는 전자와 정공의 주입·수송 비율(γ_{it})과 전자와 정공의 재결합 확률(γ_r)로 분리할 수 있다. 최고의 유기 EL 소자의 발광 효율을 실현하기 위해서는 이들 4개의 인자가 모두 100%에 가까운 수율이 되어야 한다.

$$\eta_{ext} = \gamma \times \eta_r \times \phi_p \times \eta_p \tag{2.1}$$

$$\gamma = \gamma_{it} + \gamma_r \tag{2.2}$$

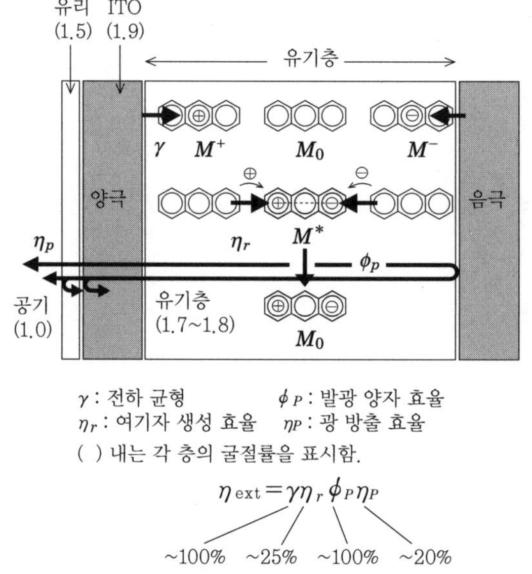

그림 2.5 유기 EL 소자의 발광 메커니즘과 외부 양자 효율의 관계식

여기서, γ는 정공 수송층과 전자 수송층의 적층 구조를 형성하고 ϕ_p는 내부 발광 양자 수율이 높은 재료를 사용함으로써 비교적 쉽게 100%에 가까운 값을 얻을 수가 있다. 그러나 유기 EL의 양자 효율을 개선하기 위한 제1 과제는 η_r을 향상시키는 것이다. 전자와 정공이 재결합할 때 분자 내외로부터 커다란 자극이 없는 경우 스핀 배열 통계 원칙에 따라 일중항 여기자와 삼중항 여기자는 1 : 3의 비율로 형성된다.[5], [6] 따라서 형광 재료를 사용한 경우 η_r는 최대 25%의 낮은 발광 효율에 머무르게 된다. 또한 제2의 과제는 굴절률이 높은 유기층에서 빛을 방출하는 효율을 들 수 있다. 보통 소자의 경우 η_p는 약 20%의 낮은 값을 나타내며 이것이 유기 EL 소자의 효율을 크게 떨어뜨리는 원인의 하나가 되고 있다.[7] 따라서 형광 재료를 발광 분자로 사용하는 한 최대 외부 양자 효율은 각각의 요소를 곱하여 계산하게 된다. 즉,

$$(\eta_{ext}) = (\gamma = 100\%) \times (\eta_r = 25\%) \times (\phi_p = 100\%) \times (\eta_p = 20\%) = 5\% \qquad (2.3)$$

로 계산할 수 있다. 만일 삼중항 여기자를 발광 천이 분자로서 이용할 수 있다면 원리적으로는 3배 이상 특히 S_1에서 T_1으로 항간 교차(ISC : Intersystem Crossing)의 확률이 100%이면 형광 재료보다 약 4배의 발광 효율을 향상시킬 수 있다. 한편 형광 재료에 있어서도 삼중항 여기자와 삼중항 여기자의 충돌에 의해 일중항 여기자가 생성되어 전체 일중항 여기자의 생성 확률로서 이론적으로는 최대 40%까지 η_r를 증가시킬 수 있다고 보고되고 있다.[3] 고분자 재료에 대해서는 저분자 재료와 달리 여기자 생성 비율이 1 : 3으로 나타나지 않고 일중항 여기자가 높은 비

율(효율)로 생성되는 것으로 알려져 있다.[8] 그럼에도 현재의 고분자계 유기 EL의 발광 효율은 5% 이하에 머물러 있다.

③ ▶▶▶ 적층 구조의 의의

현재까지 유기 EL 소자의 구성은 단층형에서 적층형까지 다수 제안되어 있다. 특히 적층형 구조는 EL 발광 효율의 향상을 위해 중요한 소자 구조임이 지금까지의 연구 결과 밝혀지고 있다. 적층 구조가 유리한 것은 p형과 n형 특성의 유기 박막층을 적층시켜 무기 반도체와 유사한 pn 적층을 형성함으로써(여기서, 반드시 무기 반도체와 유사한 '접합'이 형성되는 것은 아님) 발광층에 전자와 정공의 균형적인 전하를 가져야 한다.

또한 발광층에 캐리어·여기자(분자 여기자)를 가두어 두어야 한다. 특히 최근에는 소자의 내 구성을 향상시키기 위해 소자 구조의 선택은 재료 자체의 안정성과 더불어 중요한 요소가 되고 있다. 예를 들어 주로 진공 증착법에 의해 소자를 제작하는 경우 캐리어 수송층, 발광층의 설계 방법에 대해 설명한다. 고분자 도포형에 있어서도 기본적으로는 저분자 증착형과 같다고 할 수 있다. 그러나 한 가지 고려할 점은 고분자의 경우 스핀 코팅 등에 의해 위쪽 박막을 제조할 때 아래쪽 박막의 용해성을 고려하여 상부 층의 재료 설계가 요구된다.

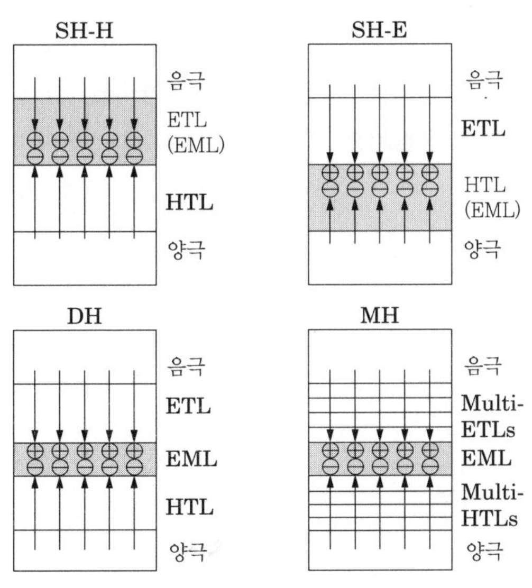

그림 2.6 적층형 유기 EL 소자의 소자 구조

우선 지금까지 보고된 소자 구조를 살펴보고 각 층에 사용하는 유기 재료 설계에 대해서도 간단히 설명한다. 그림 2.6에 지금까지 제안된 전형적인 소자 구조를 보여 주고 있다. SH-H[9], SH-E[10], DH 구조[11]는 적층형 EL 소자의 연구 초기 단계로 정공과 전자의 두 캐리어를 발광층에 주입·수송하여 발광층 내부에서 높은 효율로 재결합을 통해 발광시키는 소자 구조이다. 소자 구조에 대한 기본적인 개념은 이들 3개 소자 구조에 나타나 있다.[12] 적층형 소자에 사용하는 재료는 크게 정공 주입과 주입된 정공을 양극에서 받아 수송하는 정공 수송층 : HTL(Hole-Transport Layer), 전자 주입과 주입된 전자를 음극에서 받아 발광층으로 수송하는 전자 수송층 : ETL(Electron-Transport Layer), 그리고 정공과 전자를 재결합시켜 발광을 나타내는 발광층 : EML(Emitting Layer)로 분류할 수 있다.

다만, 캐리어 수송층이 양극성(bipolar) 성질을 가지고 강한 발광을 나타내는 경우 발광층이 중첩되는 경우도 가능하다. 즉, 발광층이 정공 수송층과 전자 수송층으로 적층된 DH 구조가 기본이 되며, ETL과 EML이 하나로 된 경우는 SH-H 구조가 된다. HTL과 EML이 하나로 된 경우는 SH-E 구조에 해당한다.

현재는 캐리어 수송층에 대한 설계가 진행되어 낮은 구동 전압에서 전극으로부터 캐리어의 주입이 가능하도록 캐리어 수송층을 2층 이상으로 된 소자가 제안되고 있다(MH : Multi-Heterostructure). 또한 발광 분자의 형광 양자 효율을 향상시키기 위해 발광층에 1mol% 정도의 형광 색소를 도핑하여 발광 효율을 크게 향상시키는 노력도 시도하고 있다.[13] 특히 도핑은 내구성 향상 측면에서 캐리어 수송층에도 적용하고 있다.

다음에 대표적인 유기 EL 소자인 양극/α-NPD/Alq$_3$/음극 또는 양극/PEDOT : PSS/(폴리플루오렌) PF/음극 구조를 갖는 소자의 기본 특성을 보여 준다(그림 2.7). 그리고 지금까지 제안된 각각의 박막층 재료를 살펴보고 소자의 구조 설계에 대해서 설명하기로 한다.

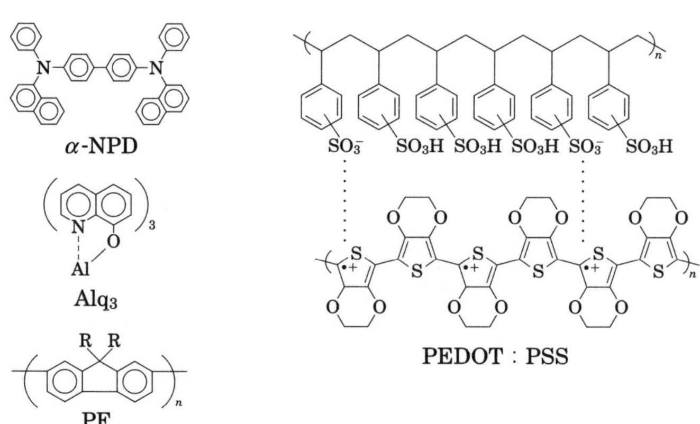

그림 2.7 α-NPD, Alq$_3$, PEDOT : PSS, PF의 분자 구조

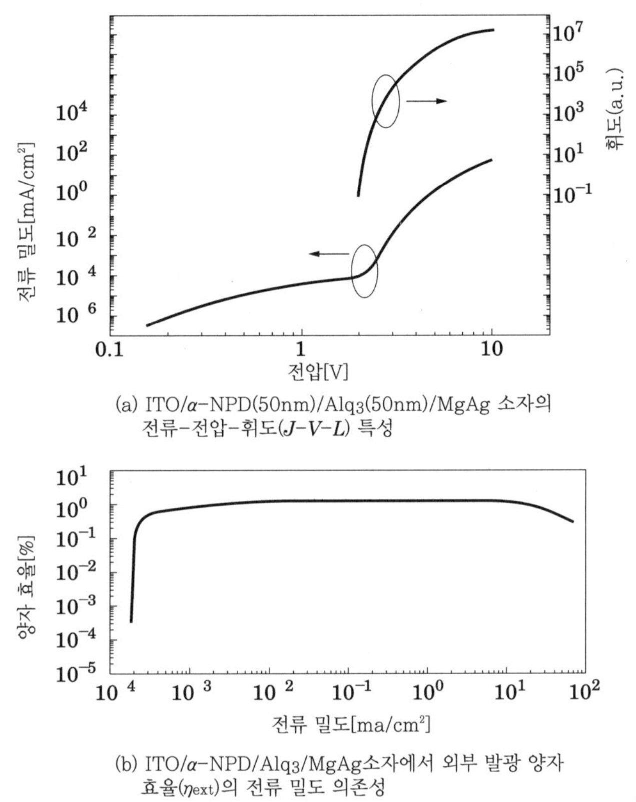

(a) ITO/α-NPD(50nm)/Alq$_3$(50nm)/MgAg 소자의
전류-전압-휘도(J-V-L) 특성

(b) ITO/α-NPD/Alq$_3$/MgAg소자에서 외부 발광 양자
효율(η_{ext})의 전류 밀도 의존성

그림 2.8 대표적인 저분자 EL 소자의 특성

우선 기본적인 소자인 ITO/α-NPD/Alq$_3$/MgAg 소자의 전류-전압-휘도 특성을 그림 2.8 (a)에서 보여 주고 있다. ITO에 (+) 전압을, MgAg에 (−) 전압을 인가하여 순방향으로 전압 인가를 한다.

순방향 전압 인가에 의해 양극으로부터 정공이 음극에서는 전자가 각각 유기층으로 주입된다. 인가 전압이 2V 부근에서 전류는 전압에 대해 $J \propto V^n$ (n=1)의 관계, 즉 전류는 전압의 일차에 비례하여 증가한다. 결국 2V 이상의 전압 부근에서 급격히 전류가 증가하며 동시에 분명한 EL 발광이 관측된다. 이때 발광 강도는 전류 밀도의 일차에 비례한다.

2V 이후의 큰 주입 전류와 EL 발광은 임계 전압을 넘어서 관측되며 이는 전자와 정공의 이중 주입(double injection)이 이러한 임계값에서 시작되고 있음을 의미한다. 6V에서 전류 밀도값은 10mA/cm, 발광 휘도는 400cd/m²을 나타내고 있다.

더욱이 10V 전압에서는 ~100mA/cm²의 전류 밀도에 이르고 있다. 한편 역바이어스 전압을 인가한 경우는 순방향에서의 주입 전류에 해당하는 큰 전류 주입은 관측되지 않으며 EL 발광 역

시 전혀 일어나지 않았다. 그림 2.8(b)에는 발광의 외부 양자 효율(η_{ext})의 전류 밀도 의존성을 보여 주고 있다. 외부 양자 효율은 발광 시에 임계값 부근에서 급격히 상승하고 그 후 일정치(~1%)를 나타낸다. 이와 같이 발광이 급격하게 상승하는 것은 전자와 정공의 주입과 수송이 빠르게 균형을 이루고 있음을 암시하고 있다. 그 후 10mA/cm² 이상의 전류 밀도부터는 발광 효율이 서서히 저하한다.

다음으로 ITO/PEDOT : PSS/(폴리플루오렌) PF/Ca/Al의 고분자형 소자에 대한 기본적인 EL 특성을 나타내었다(그림 2.9(a), (b)). 기본적인 J–V–L 특성은 저분자형 소자와 같은 경향을 보여 주지만 저분자형보다도 더 낮은 구동 전압을 나타내고 있다.

전류와 EL 발광의 시작은 저분자형 소자와 거의 같은 경향을 보이고 있으며 전류의 증가가 급히 일어나고 있다. 즉, 약 6V의 전압에서 100mA/cm²의 전류 밀도에 이르고 있다. 이와 같이 작

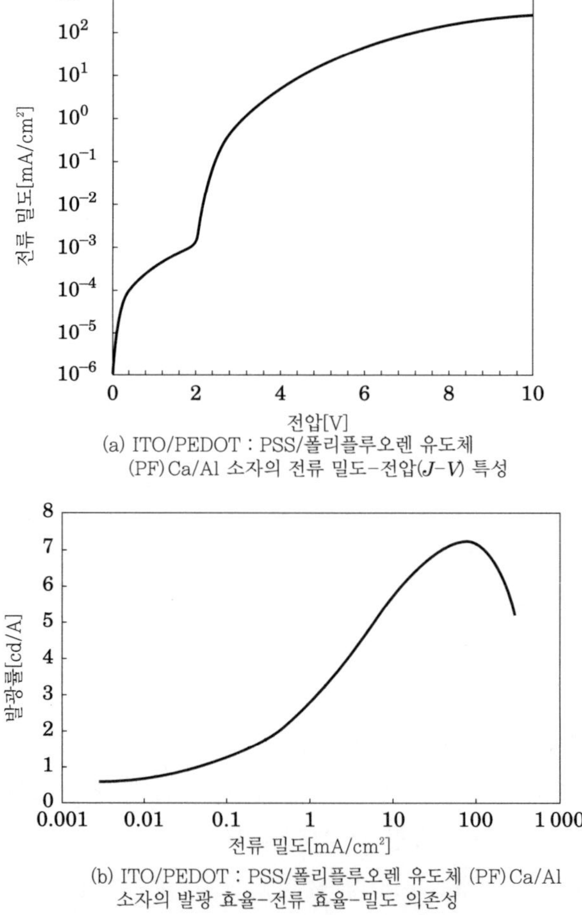

(a) ITO/PEDOT : PSS/폴리플루오렌 유도체
(PF)Ca/Al 소자의 전류 밀도–전압(J–V) 특성

(b) ITO/PEDOT : PSS/폴리플루오렌 유도체 (PF)Ca/Al
소자의 발광 효율–전류 효율–밀도 의존성

그림 2.9 대표적인 고분자 EL 소자의 특성

은 구동 전압의 특징은 많은 공역계 고분자 EL 소자에서 관측되고 있다.

④ ▶▶ 적층 구조와 재료 설계

(a) 정공 주입·수송층

높은 효율과 낮은 구동 전압을 갖는 소자 구조의 설계에 대해 설명하기로 한다. 전자와 정공을 효율 좋게 수송하여 재결합시키기 위해서는 정공 수송층과 전자 수송층의 2층으로 된 소자를 구성하는 것이 기본이 된다. 그러나 보다 고성능화를 위해서는 여러 층으로 된 캐리어 주입 및 수송층을 구성할 필요가 있다. 현재 HTL은 2층(HTL1, HTL2)으로 구성하는 경우가 대부분이다 (그림 2.10 (a)). 다음에 HTL1은 양극에서 정공 주입을 받아서 수송하는 층이며, HTL2는 HTL1으로부터 발광층에 정공을 주입 수송하는 층으로 되어 있다. 즉 HTL1은 정공 주입층 (HIL : Hole Injection layer), HTL2를 정공 수송층(HTL : Hole Transport Layer)이라 부르고 있다. 이와 같이 2층 구조는 양극에서 정공 주입 장벽을 낮추고 발광층 계면에서 전자적 성질이 서로 일치되는 두 가지 조건을 만족하기 위해 필요하다. 양극(예를 들어 ITO : Indium

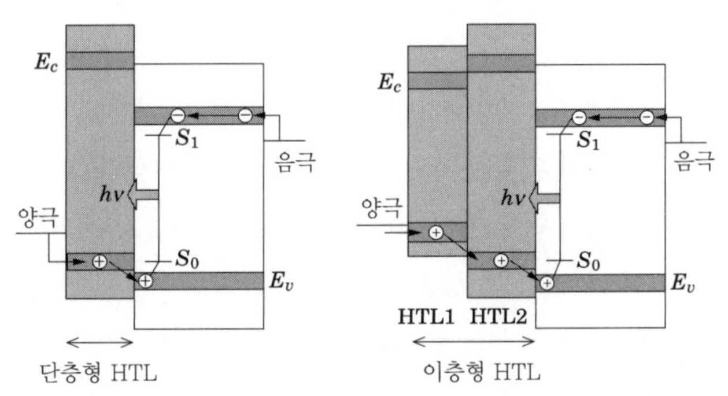

(a) 단층형에서 2층형 정공 수송층으로

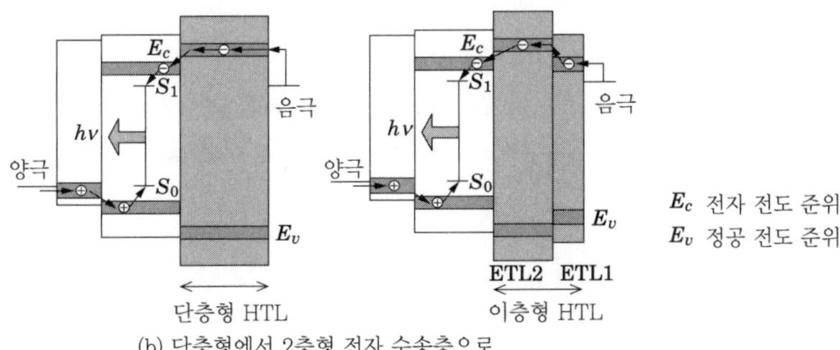

(b) 단층형에서 2층형 전자 수송층으로

그림 2.10 단층형에서 적층형 정공 수송층 및 전자 수송층의 전개

Tin Oxide)과 접하고 있는 HTL1은 양극으로부터 정공 주입이 용이하도록 양극의 일함수와 HTL1의 E_v 에너지 준위의 차이가 작아야 한다. 양극으로 ITO 전극($I_p=5.0\,eV$)을 사용한 경우 HTL1은 5.0 eV 정도의 E_v를 갖는 것이 바람직하다.[14]

HTL1은 다음에 설명하는 것과 같이 HTL2는 발광층으로부터 에너지 이동을 저지하는 역할을 하기 때문에 반드시 밴드 갭이 큰 재료를 사용할 필요는 없으나 방출광의 재흡수를 방지하는 의미로 발광 스펙트럼에 대해 투명한 재료가 바람직하다. HTL1 재료로는 초기에는 프탈로시아닌류(Pc)가 알려져 있다.[15] Pc는 5.0 eV 부근에 E_v를 가지기 때문에 ITO 양극으로부터 정공 주입성이 뛰어난 점과 내광성(耐光性)이 풍부한 점 등이 장점이다.

반면에 가시광 영역에서 흡수가 일어나는 문제점이 있다. 이를 개선하기 위해 스타바스트폴리아민류(m-MTDATA, 2-TNATA),[16] 폴리아닐린,[17, 18] 올리고티오펜[19] 등이 Pc를 대체할 HTL1 재료로 유망한 것으로 보고되고 있다. 특히 m-MTDATA류는 가시광 전 영역에 걸쳐 투명한 것과 E_v가 5.1 eV라는 사실이 저전압 구동을 가능하게 한다.

한편 HTL2의 설계는 발광층과 접촉하고 있기 때문에 HTL1층과는 다른 조건이 필요하다. HTL2는 발광층과의 사이에 여기 화합물(exciplex), 전하 이동 화합물(charge transfer complex) 등의 분자 간 상호 작용을 형성하지 않아야 한다. 화합물 형성을 피하기 위해서는 HTL2는 E_v가 깊은 재료가 바람직하다. 일반적으로 전자 수송성 발광 재료는 약한 억셉터의 성질을 가지고 있기 때문에 기본적으로 도너 성질을 갖는 HTL층과 화합물을 쉽게 형성한다. 특히 HTL2와 발광층 계면 근방에서 생성한 여기자의 HTL2로 에너지가 이동하는 것을 저지하기 위해 HTL2의 일중항 여기자 에너지가 발광층의 여기자 에너지보다 커야 한다.

따라서 발광층에서의 발광 재흡수와 에너지 이동을 일으키지 않는 넓은 에너지 갭을 가질 필요가 있다. 특히 발광층 내부에서 전자와 정공의 재결합을 효율적으로 실현시키기 위해서는 발광층에서 HTL2층으로 전자 주입이 일어나지 않도록 얕은 E_c 에너지 준위가 필요하다. 이를 위해 Pc류를 직접 발광층에 접촉시키기보다는 HTL2층으로 TPD, α-NPD 등 벤지딘 유도체 또는 내열성을 고려한 트리페닐아민 다량체가 사용되고 있다.

HTL 재료는 OPC(Organic Photoconductor)인 CTM(Charge Transfer Material)이 그대로 이용될 수 있을 것이다. 유기 EL 연구의 초기 단계에서는 지금까지의 CTM에 대한 분석이 있었다. 트리페닐아민, 벤지딘, 피라조린, 스티릴아민, 히드라존, 트리페닐메탄, 카르바졸 등에 대해서 광범위하게 재료 탐색이 이루어지고 있다.

초기의 재료 탐색에 있어서 나타난 재료 공통의 필요 조건으로는 진공 증착으로 승화가 가능할 것, 100nm 이하의 균일한 박막 두께로 제작 가능하며 핀홀이 없는 아주 얇은 박막(비정질 박막 또는 치밀한 미세 결정막)을 형성할 수 있어야 한다. 결정화를 방지하고 높은 치환기의 도입

과 비평면적인 분자 구조를 채용하는 것이 균일한 박막 형성에 유리하다.

(b) 전자 주입·수송층

ETL의 설계 역시 HTL과 같이 2층형 구조가 필요하다(그림 2.10 (b)). 음극에서 전자 주입을 쉽게 하기 위해서 ETL 재료로는 보통 E_c 준위가 깊은 재료가 바람직하다. E_c를 깊게 하기 위해서는 분자 골격에 억셉터 특성의 치환기를 도입하거나 π 전자계를 확대하는 것을 생각할 수 있다. 그러나 이들 방법은 인접하는 층과 복합체(complex)를 형성하거나 에너지 갭의 감소로 나타나서 부적절하다.

따라서 HTL에서 적용한 유사한 방법으로 ETL을 2층으로 구성할 필요가 있다. 이 경우 음극과 접촉하는 층을 전자 주입층(EIL : Electron Injection Layer), 발광층과 접촉하는 층을 전자 수송층(ETL)이라 부르고 있다.

전자 수송 재료에 대한 최초의 보고는 옥사디아졸 유도체(OXD) : (2-(4-Biphenyl)-5-(4-tert-butylphenyl)-1,3,4-oxadiazole) (PBD)를 들 수 있다.[20] OXD 유도체는 그 후 박막 성질의 경시 변화에 있어서 안정성을 고려하여 2중체, 3중체에 대한 검토가 진행되었고, ETL 재료로서 유용하게 사용할 수 있음을 확인하였다.[21]

특히 옥사디아졸을 변화한 골격을 갖는 새로운 트리아졸(Triazole) 유도체(TAZ)[22]와 페난스로린 유도체(BCP, Bphen)[23]가 전자 수송성을 나타낸다고 보고하였다. OXD에 관해서는 모델 물질로서 폴리머화로의 전개도 적극적으로 이루어지고 있으며 에테르(etere) 결합을 갖는 OXD 등 여러 연결기를 가진 OXD가 보고되고 있다.[24],[25] 또한 색소 분산형 EL 소자에 있어서도 OXD의 전자 수송 특성을 이용할 수 있음이 밝혀지고 있다.[26]~[31]

2층형에 대한 구체적인 재료의 조합으로는 OXD/Alq₃[32], BSB(Bi-styryl-benzene 계)/Alq₃[33] 등의 조합을 예로 들 수 있다.

ETL을 ETL2/ETL1의 2층 구조로 함으로써 OXD가 정공 저지·전자 수송 기능을 나타내며, Alq₃가 음극에서의 전자 주입 기능을 도와서 기능 분리가 이루어지고 있다. 이와 같이 캐리어 수송층을 2층으로 구성하여 전극에서 발광층으로 전자 주입 에너지 장벽을 완화함과 동시에 발광층으로 여기자를 가두어 두는 효과가 나타나고 있다.

정공 주입·수송층 및 전자 주입·수송층 양측에 다른 종류의 유기물을 적층할 경우 그 계면에서 반드시 분자 간 상호 작용이 나타난다. 이러한 현상을 줄이기 위해서는 캐리어 수송층을 여러 층으로 구성할 필요가 있다.

지금부터는 캐리어 수송층과 발광층의 차이점에 대해 설명하기로 한다. 캐리어 수송 재료와 발광층 재료의 구별은 대부분의 캐리어 수송층이 단극성(unipolar : 전자 또는 정공만 수송하는 성질)을 가지는 데 비해서 발광층은 기본적으로 캐리어 재결합을 일으키도록 양극성(bipolar : 전자와 정공 모두 수송하는 성질)이면서 강한 발광 기능을 가질 필요가 있다.

지금까지 정공 주입층과 조합한 가장 유망한 전자 수송성 유기 발광 재료는 알루미키노리놀 복합체(Alq_3)를 들 수 있다. Alq_3는 전자 이동도가 정공 이동도보다도 크고, Alq_3 내를 수송하여 온 전자와 정공 수송층에서 주입된 정공이 정공 수송층과의 계면에서 재결합하여 여기자를 생성하여 발광하게 된다.

지금까지 키노리놀 복합 유도체에 대해서는 많은 연구자에 의해 통계적인 평가가 이루어지고 있다.[35]~[37] 한편 OXD, TAZ, BCP 등의 전자 수송층과 조합하는 경우는 정공 수송층의 스티릴 아민계가 양호한 발광 특성을 보이고 있다.[14]~[38] 이 경우는 반대로 정공 수송성 발광층 내를 정공이 수송되고, 전자 주입층으로부터 발광층에 주입된 전자와 재결합을 일으켜 여기자를 생성하게 된다. 어떤 경우에도 생성한 여기자를 발광층 내에서 유효하게 재결합하여 빛을 방출하기 위해서는 발광층보다도 여기자 에너지(형광 발광의 경우는 일중항 여기자 에너지)가 큰 캐리어 수송층이 필요하다.

이와 같이 캐리어 수송층의 도입은 유기 EL의 발광 효율 향상에 큰 역할을 할 수 있다. 최근에는 내구성까지 갖춘 새로운 소자 구조 설계가 진행되어 단순한 적층 구조형에 더하여 캐리어 수송 재료와 발광 재료의 혼합층을 사용하는 소자 구조도 제안되고 있으며 명확한 헤테로 계면보다는 불명료한 계면의 형성이 내구성의 향상으로 이어진다고 보고되고 있다.

⑤ ▶▶▶ 고효율화를 위한 새로운 소자 구조

유기 EL 소자는 형광 재료를 사용하여 최대 5%의 외부 양자 효율을 얻을 수 있다. 단일층을 갖는 유기 EL 소자에서는 양자 효율을 이 이상 증가시키는 것은 원리적으로 어려운 일이다. 그러나 유기 EL 소자를 단순히 적층 구조로 제작함으로써 양자 효율을 향상시킬 수 있게 된다. 그 기본적인 소자 구조는 무기 EL에서 보고되고 있다.[39]

각각의 EL 소자를 배선에 의해 직렬로 접속한다. 이 경우 각 소자에는 동일한 전류(J)가 흐르게 되어 일정 값의 양자 효율(Φ)로 발광하게 된다. 그러나 **그림 2.11**에서 보여 주듯이 여러 개의 소자 사이에 배선이 없어진 소자 구조에서는 단위 면적당 방출되는 빛의 강도는 적층 수가 증가하여 외관상 양자 효율이 향상된다(이것을 Multi Photo Emission 유기 EL로 부른다).[40]

다시 말해 이러한 적층형 유기 EL 소자는 적층 수에 비례하여 구동 전압은 커지지만 소자 내부를 흐르는 전류값은 일정하게 되기 때문에 적층한 유기 EL 소자의 박막층에 비례하여 발광 효율은 향상된다.

　소자 구조는 양극/HTL/EML/ETL/CGL(Carrier Generation Layer)/HTL/EML/ETL/···/음극 형태이다(그림 2.11). CGL층은 5산화 바나듐(V_2O_5) 또는 tetrafluorotetra-cyanoquinodimethane (F4-TCNQ) 등의 억셉터를 정공 수송층에 도핑한 층과 알칼리 금속 등의 도너를 전자 수송층에 도핑한 층을 서로 결합하여 정공 주입과 전자 주입의 양쪽 기능을 갖춘 소자 구조이다. 최근에는 인광 재료인 $Ir(ppy)_3$를 사용하여 유기 EL 소자를 3층으로 적층하여 전류 밀도 $1.0mA/cm^2$가 흐를 때 $134\,cd/A$의 비교적 높은 발광 효율을 나타내었다고 보고되고 있다.[41]

　이 소자 구조의 특징은 외관상의 발광 효율이 증가하는 사실에 의미가 있지만 동시에 각 소자에 작은 전류만을 흘리더라도 밝은 빛을 얻을 수 있다는 사실이다.

　이와 같은 적층 구조는 고효율 발광과 내구성 향상에도 기대되고 있다. 특히 높은 휘도를 필요로 하는 조명 등의 용도에는 우수한 소자 구조라 생각된다.

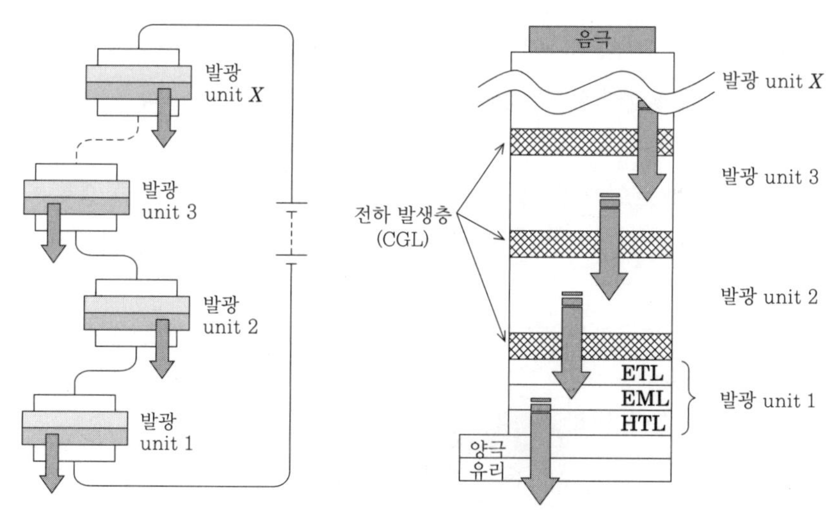

그림 2.11 단층형에서 적층형 · 정공 수송층과 전자 수송층으로의 전개

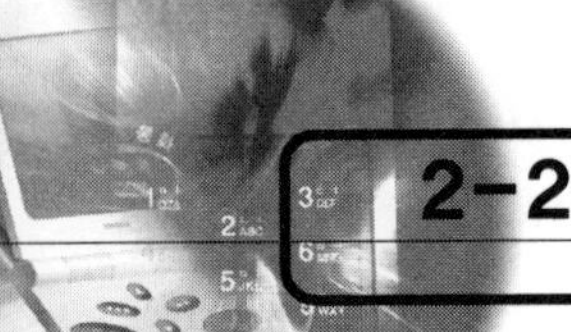

백색 발광 유기 EL 소자

백색 유기 EL 소자는 액정용 후면광(back light), 조명용은 물론 고미세 디스플레이를 제작하기 위해서 RGB 화소의 분리 도포 문제를 없애는 미세 가공이 용이하다는 이점이 있다. 다만 RGB 발광을 얻기 위해서는 컬러 필터가 필요하므로 발광 효율이 떨어지는 단점도 안고 있다. 인광 발광을 이용하면 높은 발광 효율을 이용할 수 있어서 조명용에 응용하는 것도 크게 기대되고 있다(그림 2.12).

지금까지의 형광 재료를 이용한 백색 소자로는 저분자 적층형[42]과 고분자 분산형[43]이 검토되어 왔다(그림 2.13). 고분자 분산형에 있어서는 폴리비닐카르바졸(PVK)을 모체(host) 재료로 사용하고 RGB의 색소를 소량 분산시킨 소자에서 백색 발광을 보고하고 있다. 이와 같이 색소 분산형에서는 캐리어가 선택적으로 HOMO, LUMO 준위가 낮은 적색 게스트(guest) 재료에 의해 트랩(trap)되어 버린다.

이 때문에 적색 도펀트의 양을 청색이나 녹색 도펀트에 비해 적게 함으로써 캐리어 트랩의 균형(balance)을 제어할 필요가 있다. 특히 캐리어 트랩 효과와 더불어 RGB 색소 간의 에너지 이

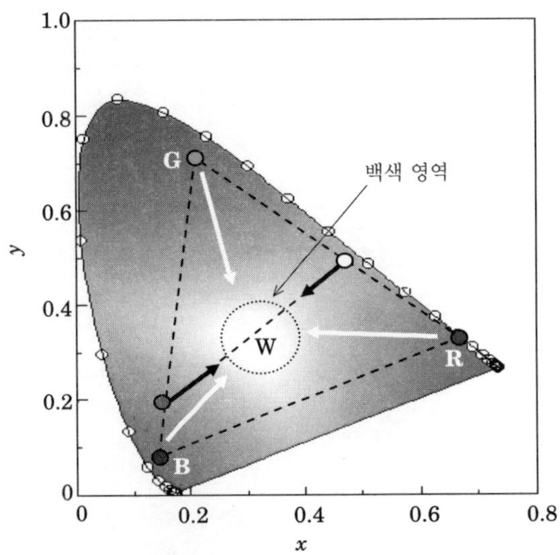

그림 2.12 백색 발광 디바이스의 CIE 색 좌표

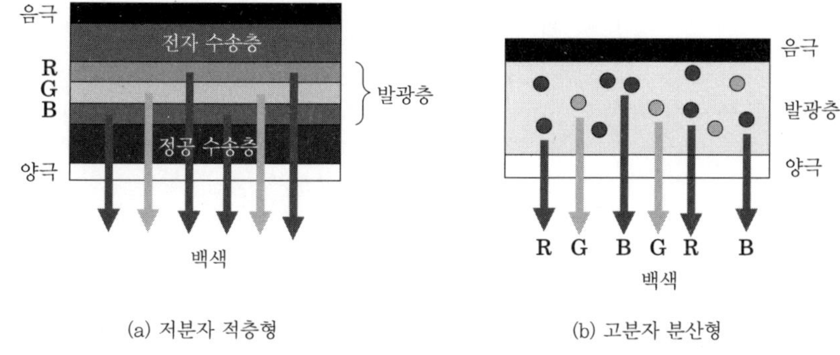

그림 2.13 고분자 분산형과 저분자 적층형 백색 유기 EL 소자의 소자 구조

동의 균형도 고려할 필요가 있다. 고분자 분산형에서는 이와 같이 도펀트 양의 제어에 의해 쉽게 백색 발광을 얻을 수 있다. 그러나 현재로서는 확실히 내구성을 갖춘 소자는 아직 실현되지 않고 있다. 또한 RGB 발광성 고분자를 혼합시킨 소자도 검토되고 있으나 RGB 각각의 고분자가 균일하게 혼합되지 않고 상 분리를 가져오는 문제점이 있어서 현재로서는 고효율 소자의 보고 사례는 거의 없다고 할 수 있다.

한편 저분자 적층형으로는 발광층을 서로 보색 관계로 만들어 RB 2성분의 발광을 이용한 2색형 또는 RGB 3성분계의 복수층으로 구성하여[44] 백색 발광을 실현하고 있다. 저분자 적층형에서는 여러 발광층을 균등하게 발광시키기 위해서 RGB 발광층 내에 전자와 정공의 이동도를 제어하여 균등하게 여기자를 생성시키도록 하는 것이 중요하다. 현재 각층의 재료 최적화가 검토되고 있으며 발광 효율 5%, 전력 효율 10 lm/W 이상의 소자가 제작되었으며 내구성의 경우도 5000시간의 수명이 실현되어 실용화에 진전을 이루고 있다.

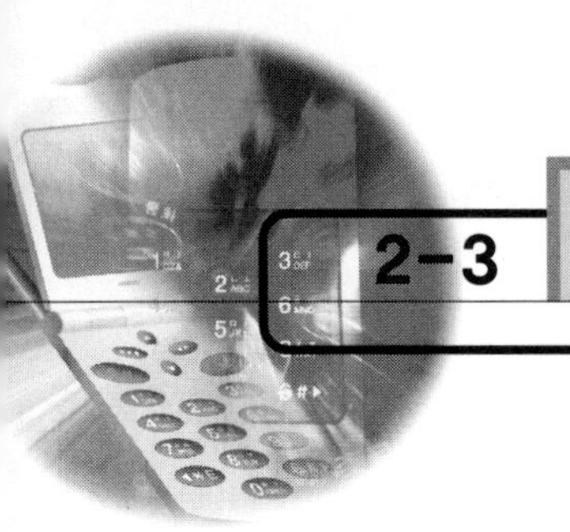

유기 EL 소자의 제작 방법

1 ▶▶▶ 저분자 : 진공 증착

유기 EL 소자의 제작은 증착 장치가 있으면 지금은 어느 때 누구라도 간단하게 제작할 수 있지만, 1980년경에는 100nm 두께의 박막을 다루는 기본 기술이 확실하게 확립되어 있지 않아 많은 연구자가 고전하였다. 기판의 세정 및 처리 방법이 부적절하면 100nm 두께의 유기 박막층에 전극을 형성하여도 하부 전극과 상부 전극이 핀홀(pine hole)을 통해 전기적 단락이 발생하여 소자 제작에 어려움이 있었다.

지금은 전극의 패터닝(patterning), 기판의 엄밀한 세정, 진공 증착법으로 여러 층의 유기층을 만들고, 음극, 봉지(sealing)의 공정 순서로 소자를 제작한다. 최근에는 소자 제작 시 긴 수명을 갖도록 하기 위해 진공 상태에서 이송하는 멀티챔버(multichamber)형 증착 장치(그림 2.14)와 글로브 박스(glove box)가 연결된 장치가 일반적으로 사용된다. 그리고 진공 성막 후 불활성 가스 분위기에서 소자의 패키징(packaging)을 수행하고 있다.

유기층 및 전극 증착는 약 10^{-4} Pa 정도의 진공도에서 성막이 이루어지고 있다. 그러나 습도가

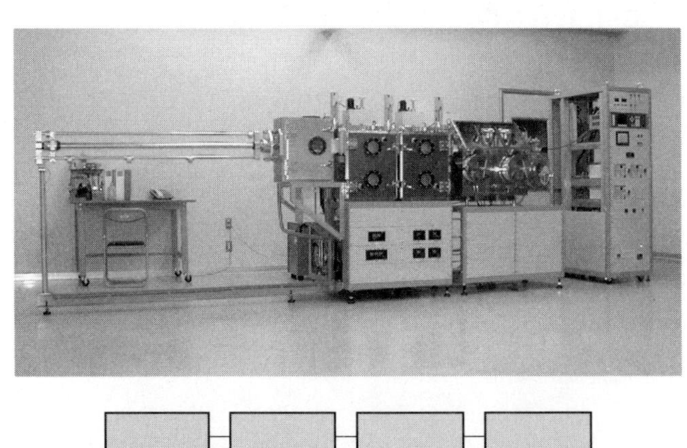

그림 2.14 멀티챔버형 유기 EL 소자의 구성 장치 (사진 제공 : ALS 테크놀로지사)

낮은 환경에서는 음극 선택에 따라 유기층과 전극 증착 공정 사이에 진공 상태가 아니어도 초기 특성에는 큰 영향을 받지 않는 경우도 많다.

② ▶▶▶ 유기 EL용 재료의 정제

유기 EL 소자에 사용되는 재료는 일반적으로 고순도의 재료가 필요하다. 보통 화학적 정제 방법으로 칼럼 크로마토그래피(column chromatography), 재결정법 등을 이용 반복 처리하여 높은 순도의 재료를 만들고 있다.[45] 그러나 이들 정제 방법으로도 제거되지 않는 불순물이나 잔류 용매의 영향이 있는 경우 최종적으로 승화 정제법[46]을 이용하는 경우가 많다.

승화 정제법은 그림 2.15에서 보여 주듯이 석영 유리관 내에서 온도 구배를 만들어 정제하고자 하는 재료 수 g를 고온 측에 두고 이를 캐리어 가스에 의해 유기 분자를 승화시켜 저온 쪽으

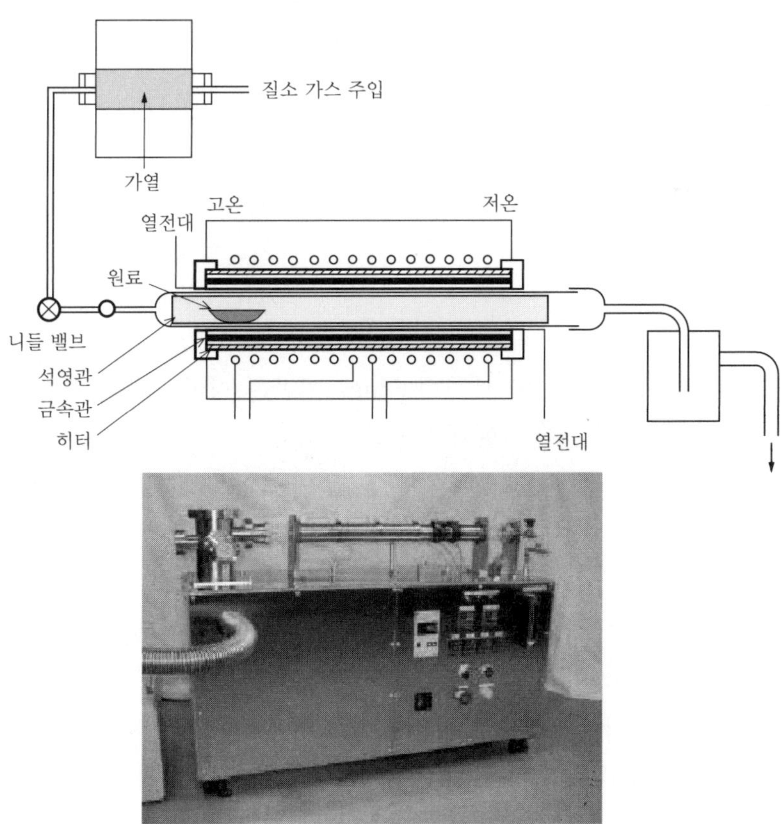

그림 2.15 Train Sublimation형 승화 정제 장치(사진 제공 : ALS 테크노로지사)

로 이동시키게 된다. 이때 온도 구배에 의해 순수 물질과 불순물의 석출 온도 차이를 이용하여 불순물을 분리하는 방법이다. 분자량이 큰 분자는 고온 측으로, 분자량이 작은 분자는 저온 측으로 분리된다. 이 방법은 칼럼 크로마토그래피의 건식 공정을 생각할 수 있기 때문에 특히 재결정 등에 사용하는 용매 분자 등도 제거되기 때문에 정제 방법으로는 우수하다.

일반적으로 불순물의 석출이 완전히 없어질 때까지 수차례 반복하게 된다. 또한 승화 정제에 의해 물질의 승화 특성도 판단할 수 있는 이점이 있다. 승화 정제를 할 수 없는 물질은 증착에 적합하지 않은 재료로 판단할 수 있다.

유기 재료를 정제할 경우 문제점은 순도의 검증이다. Si 등 무기 반도체는 99.9999 % 순도가 보증되어 있지만, 유기물의 순도의 검증은 매우 어려운 점이 있다. 보통 가스 크로마토그래피 또는 액체 크로마토그래피에 의해 어느 정도의 순도 검증은 가능하지만 99.9% 정도까지의 정밀도를 보여 준다.

이 때문에 실제로 유기 EL 소자를 제작하여 소자의 초기 특성과 내구성의 측정을 실시함으로써 재료의 순도를 확인하는 것이 가장 간단한 방법이다. 앞으로 유기물에 대한 순도 검증법의 확립은 유기 전자 재료의 중요한 기술 과제 중의 하나가 될 것이다.

③ ▶▶ 전형적인 유기 EL 소자의 제작 방법

일반적으로 유기 EL에 사용하는 유기 박막층의 두께는 약 100nm 정도이므로 기판상에 요철이나 이물질의 부착은 소자의 단락 원인이 될 수 있다. 유기 EL의 기판으로는 ITO 증착된 유리(ITO/Glass) 기판을 주로 사용한다. ITO/Glass 기판은 이미 액정용 기판에서 사용되고 있지만, 최근에 유기 EL 전용의 ITO 기판이 시판되고 있다.

특히 표면의 요철에 주의가 필요하며 돌기 물질이나 이물질이 충분히 제거된 ITO가 시판되고 있다. 일반적으로 박막 두께 100nm, 면저항 ~10 Ω /□ 정도를 갖는 제품이 표준적으로 사용된다.

우선 일반적인 포토리소그래피 공정을 이용하여 목적하는 형상에 따라 ITO의 패터닝(patterning)을 실시한다. 패터닝의 순서로는 포지티브형(positive) 레지스터(PR)의 도포, 가열(soft bake), 마스크 노광, 현상, 수세, 산에 의한 에칭, 수세, 알칼리계 용제에 의한 레지스터 제거의 순으로 진행된다. ITO의 에칭은 보통 염산 또는 왕수를 사용하며, 에칭 후에는 중성 세제, 아세톤, 알코올(alcohol)계 용매로 초음파 세정을 한다.

그 후 알코올계 용매 또는 수분을 제거하기 위해 수분이 없는 용매로 증발 세정을 실시하고 세정 용기로부터 천천히 기판을 끌어올려 건조하게 된다. 이후 UV-오존 세정이나 산소 가스, 산소-아르곤 가스 플라스마 처리를 함으로써 용매 처리로 제거되지 않은 ITO 표면에 부착된 표면층의 유기물을 분해하여 세정을 행하게 된다.

이와 같은 ITO 처리는 ITO의 일함수에 커다란 영향을 미치게 되며 대기 중에 방치한 ITO의 일함수는 4.7eV이지만 표면 처리에 의해 5.0eV 이상의 값까지 변화한다.[47] 그러나 대기 중에 방치하면 다시 원래의 값으로 돌아가는 등 ITO로부터 산소와 유기물의 흡착, 탈착은 ITO의 일함수에 커다란 영향을 미치는 것으로 추측된다.

이와 같이 세정된 ITO/Glass 기판은 가열 플레이트(hot plate)에서 약 100℃로 가열 후 진공 증착 장치에 장입한다. 이 공정은 기판상에 있는 수분의 부착(화학 흡착, 물리 흡착)을 제거하기 위해서이다. 기판 표면에 부착되어 있는 수분은 전극 재료의 부식, dark spot의 발생에 크게 영향을 미치게 되며 실질적으로 수분을 제거하기 위해서는 여러 방법들이 시도되고 있다.

진공 장치는 1대로도 EL 소자를 제작할 수 있으나, 유기물용과 금속 전극용의 2대의 장치로 구성하는 것이 바람직하다. 이는 음극 형성 시에 음극 금속과 챔버 내부에 부착되어 있는 유기물이 서로 혼입되는 것을 방지하기 위해서이다.

증착 장치는 진공도 약 10^{-4} Pa 정도로 유지하며 배기계와 수분을 효과적으로 제거하기 위해서는 크라이오 펌프(cryo pump)의 사용이 바람직하다. 사용상 용이성을 감안하면 액체 질소 트랩이 부착된 터보 분자 펌프도 사용되고 있다. 오일 확산 펌프는 오일 미스트(mist) 문제 때문에 사용하지 않는 경향이 있다.

일반적으로 유기물의 증착은 다층이면서 도핑이 필요하기 때문에 여러 개의 증착원이 필요하다. 특히 다른 증발원으로부터 오염을 방지하기 위해 각각의 증발원에 분리판을 설치할 필요가

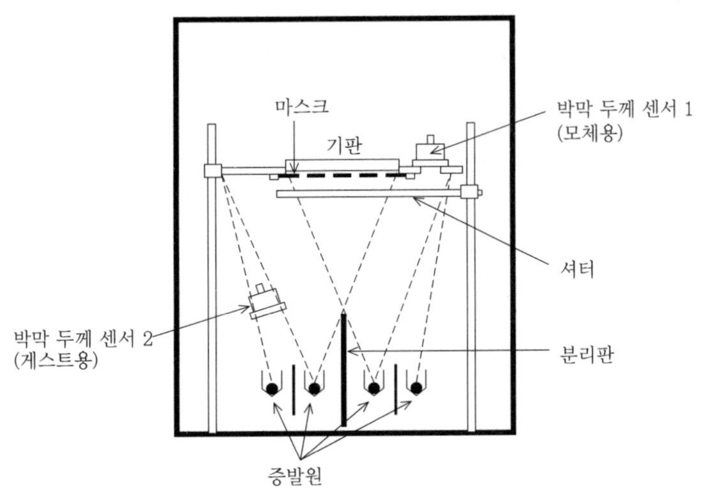

그림 2.16 유기 박막층 다원 증착 장치의 개념도

있다(그림 2.16). 또한 두 종류의 물질을 동시에 증착 가능하도록 2개의 박막 두께 센서 및 증착 전원을 도입하여 게스트 전용과 모체(host) 전용의 수정 발진식 두께 측정기를 설치한다. 원리적으로는 동일한 방법으로 3개 증착원 또는 4개 증착원으로 증착도 가능하다. 박막 두께 교정은 보통 탐침식 두께 측정기 또는 엘립소미터(elipsometer)에 의해 증착 장치 내의 수정 발진식 박막 두께 측정기의 보정을 실시한다.

증착 전원은 100A, 10V 정도의 용량이 있으면 보통 500℃의 승화 온도를 갖는 유기물의 증착이 가능하다. 유기물의 증착은 통상 저항 가열을 하며 W, Mo, Ta 등의 승화용 보트(boat), 석영관을 텅스텐으로 가열한 소스(source)용 용기가 개발되어 있다. 유기물의 분해를 막기 위해 이상 가열을 방지할 필요가 있다.

유기물을 증착한 후 마스크를 교환하여 음극을 증착한다. 가장 간단하면서 재현성 있게 증착 가능한 전극은 MgAg 합금이다.[48] MgAg 합금은 Mg의 미흡한 부착력을 Ag가 개선하는 역할을 한다. 증착 속도비는 Mg : Ag = 10 : 1이 사용된다. MgAg 전극은 유기층 표면에 부착한 Ag를 핵으로 하여 Mg 박막을 형성하는 것으로 추측된다.

MgAg 전극의 이점은 Li, Ca, Cs 등의 알칼리 금속을 함유하는 전극에 비해 양호한 재현성으로 전극을 만들 수 있다는 점이다. 약간의 비율이 다르거나 챔버의 상태에 크게 영향을 받지 않는 범용 전극이라 할 수 있다.

최근 들어 고효율 전자 주입, 높은 내구성의 면에서 Al 알칼리 금속과 합금이 사용된다. 일함수가 작은 알칼리 금속은 유기층에 전자 주입 효율을 크게 개선시킬 수 있다. 유기층과 접하고 있는 계면에서의 음극 측 일함수가 작아야 하므로 유기층과 계면 부근의 알칼리 금속과 도핑한 층을 형성하여 뒤쪽에 Al 금속만으로 전극 구성을 할 경우 내식성이 높은 전자 주입 전극이 형성될 수 있다.

일반적으로 Al 전극 증착에는 저항 가열이나 전자 빔 증착이 사용되고 있다. 저항 가열의 경우 용융 알루미늄이 W 등의 보트 재료와 합금을 형성하기 때문에 BN 보트 또는 스파이럴형 보트가 많이 사용되고 있다. 그러나 Al 증착은 어떤 방법을 취하더라도 합금의 형성은 피하기가 어려워 다소 곤란한 경우가 발생한다. 전자 빔 증착은 Al 증착에 적합한 방법이며 2차 전자를 제어하여 범용 증착 방법으로 사용되고 있다. 증착 시에는 재료에 의해 증발원의 선택과 증착 속도의 제어 등에 충분히 주의를 기울여야한다.

음극을 형성한 후 글로브 박스 내에서 소자의 봉지(encapsulation) 공정이 이루어지며 커버 유리(cover glass) 또는 알루미늄 케이스 등에 자외선 경화 수지, 에폭시 수지를 사용하여 봉지 작업을 수행한다. 이때 접착재 층으로부터 미량의 수분 침투를 피하기가 어려워 산화바륨(BaO_2) 등의 건조제를 같이 봉입하는 경우가 많다.[49]

④ ▶▶ 고분자 : 용액 도포법

고분자 재료의 최대 특징은 재료를 용매에 용해하여 스핀 코팅(spin coating), 딥(deep) 코팅, 블레이드(blade) 코팅, 잉크젯(ink jet)법 등에 의해 습식 성막법으로 도포가 가능하다. 이들 방법에 의해 원리적으로는 대면적화가 비교적 쉽게 이루어질 수 있으며, 잉크젯 방법에 의해 RGB의 분리 도포도 가능하다. 현재 고분자 도포형 유기 EL 소자는 다음의 공정순으로 만들어지고 있다. ITO 기판 위에 정공 주입층으로 수용성의 PEDOT : PSS를 스핀 코팅법에 의해 50nm 정도의 두께로 박막을 형성한다.

PEDOT : PSS는 보통 이소프로필 알코올(isopropyl alchol)) 등의 용매로 원액을 희석하여 멤브렌(membrene) 마이크로필터로 여과 후 스핀 코팅법으로 박막을 형성하게 된다. 오븐 건조 후 그 위에 발광층을 형성하기 위해 클로로포름, 산화메틸렌, 톨루엔 등의 유기 용매로 용해시킨 발광층을 스핀 코팅법에 의해 약 70nm의 두께로 형성한다. 이때 하부층인 PEDOT : PSS가 수용성이므로 발광층의 형성 시에 하부층이 용해되는 문제는 거의 없다고 볼 수 있다. 이어서 가열 건조 후 음극을 형성하게 된다. 음극 형성은 저분자의 경우와 기본적으로 같으며 고분자 EL 소자의 경우 Ca/Al 전극이 주로 사용된다.

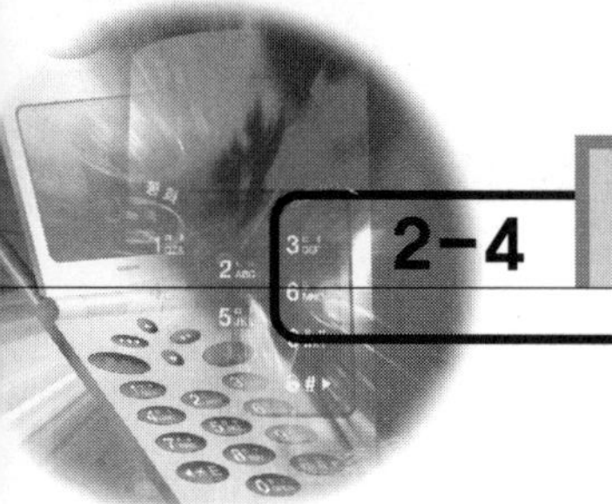

유기 EL 소자의 특성 평가법

1 ▶▶▶ 기본 특성의 평가

유기 EL 소자의 특성 평가 항목으로는 다음과 같은 기본 특성이 측정된다. 전압 인가에 의한 전류 주입과 캐리어 수송의 정보를 얻기 위해 전류–전압 특성을 조사한다. 발광이 일어나는 임계 전압과 어느 정도의 전압까지 소자가 견딜 수 있는가를 알기 위해 휘도 특성 그리고 주입 전류에 대해 휘도 변화를 나타내는 휘도–전류 밀도 특성을 조사한다. 유기 EL 소자로부터의 발광 특성이 사용한 발광 재료에 기인하는가에 대한 특성은 발광 재료 자체의 PL 스펙트럼(spectrum)과 소자의 EL 스펙트럼을 비교함으로써 고찰할 수 있다.

- 전압–전류 밀도 특성
- 휘도–전압 특성
- 휘도–전류 밀도 특성
- 소자 수명(휘도 반감 수명)
- EL 스펙트럼
- 색순도
- 발광 효율(양자 효율, 전력 효율, 전류 효율)

이러한 기본 특성 평가에 사용되는 단위 소자의 크기는 사각 2~5mm 크기로서 사각 3~5cm 유리 기판 위에 수 개 단위로 만들 수 있다. 측정은 그림 2.17에서 보여 주듯이 유기 EL 소자를 고정하는 홀더(holder), 전원, 휘도계, 제어용 컴퓨터 등으로 구성된 측정 시스템을 사용한다. 전원은 정전류 제어가 가능한 10^{-6}~0.1 A 정도까지 조절 가능하도록 설정되고 출력 전압은 최대 20V가 입력 가능한 기기가 바람직하다.

실제 측정에서는 전류 밀도는 10^{-5}~1 A/cm² 까지 단계적으로 조작하여 소자로부터의 발광 강도를 휘도계로 측정하여 컴퓨터로 전송, 특성 데이터를 얻게 된다. 수명 측정은 초기 휘도를 나타내는 정전류 조건하에서 연속 구동한 경우에 휘도 및 전압 변화를 측정한다.

EL 발광의 스펙트럼은 멀티채널(multi-channel) 분광 장치로 측정한다. 색순도는 측정한 스

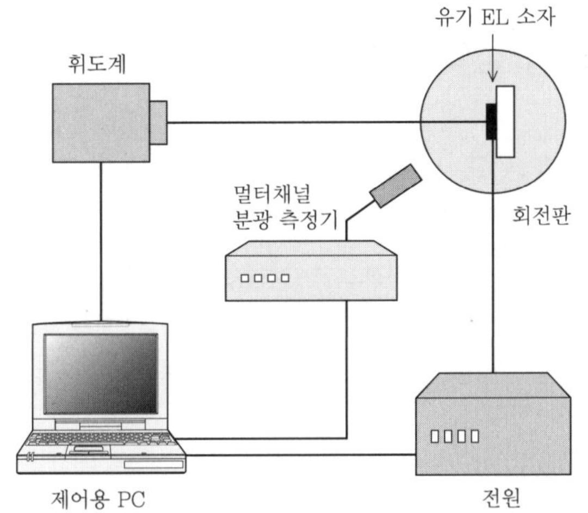

그림 2.17 유기 EL 소자의 기본 특성을 측정하는 측정계

펙트럼으로로부터 평가하며, 발광 효율은 발광 스펙트럼과 휘도-전압 또는 휘도-전류 밀도의 특성으로부터 산출할 수 있다. 현재 이들 측정을 모두 수행할 수 있는 측정 장치도 시판되고 있다 (그림 2.18). 필요할 경우 소자를 회전시켜 소자로부터의 발광 패턴(전 파장)이나 여러 각도에서의 발광 스펙트럼 변화를 측정하기도 한다.

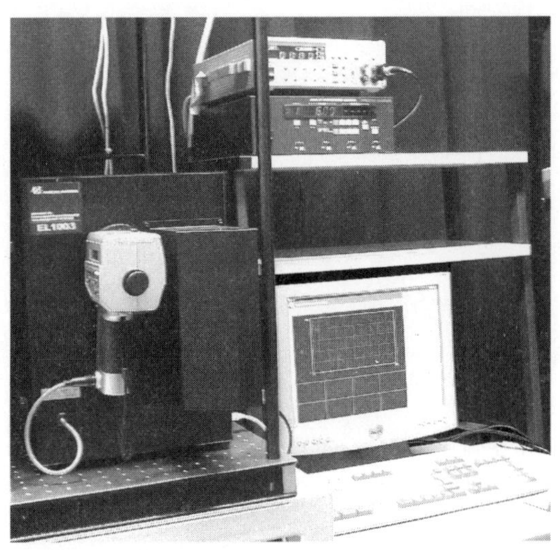

그림 2.18 유기 EL 소자 측정 시스템 (사진 제공 : 프레사이스 게이지)

2 ▶▶▶ 발광 효율의 정의와 측정법

유기 EL 소자의 발광 효율은 표 2.1에서 보여 주듯이 몇 개의 정의가 있다. 시감 효율과 양자 효율로 크게 나눌 수 있다. 일반적으로 디스플레이의 효율을 표현하는 것은 소자로부터 방출된 전체 광량(광속 [lm])을 인가된 전력 [W]으로 나눈 값, 즉 전력 효율 η_e[lm/W]가 사용된다.[39]

유기 EL 소자를 완전한 확산 면광원으로 가정한 경우 다음 식에서와 같이 휘도계로 측정한 휘도 L [cd/m²]와 소자에 인가한 전력 밀도 P_i [W/m²]로부터 전력 효율 η_e를 구할 수 있다.

$$\eta_e \, [\text{lm/W}] = \pi \times \frac{L[\text{cd/m}^2]}{P_i[\text{W/m}^2]} \tag{2.4}$$

표 2.1 유기 EL 소자에 사용되는 대표적인 발광 효율

발광 효율		단위	정의
양자 효율	외부 양자 효율	%	방출 광자 수/주입 전자 수
	내부 양자 효율	%	발생 광자 수/주입 전자 수
시감 효율	전력 효율	lm/W	전 광량(광속)/전력
	전류 효율	cd/A	정면 휘도/전류 밀도

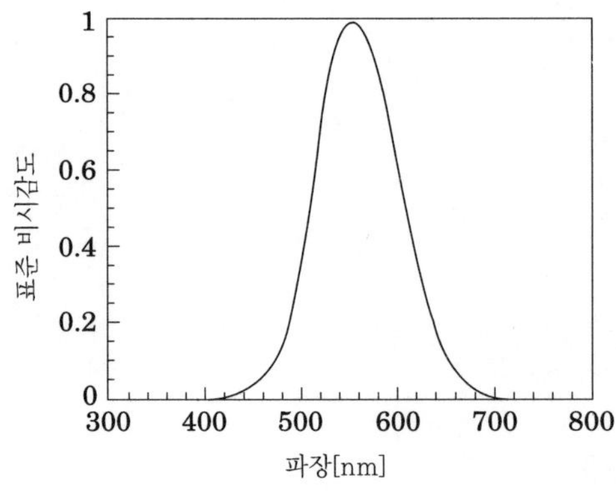

그림 2.19 인간에 대한 빛의 감도 특성(표준 비시감도 특성)
(참고 자료 : 영상정보메디아학회 편 : 전자 정보 디스플레이 핸드북, 배풍관, 2001)

광량(광속)은 인간의 눈에 의한 분광 감도(표준 비시감도)를 포함한다. 시감도는 그림 2.19에서 나타난 바와 같이 황록영역(555nm)에서 최대가 되고 청색과 적색 영역에서 급격히 저하한다. 유기 EL 소자에서 가장 널리 사용되는 발광 효율은 단위 전류당 휘도 크기를 나타내는 전류 효율 η_c[cd/A]이다. 전류 효율은 소자의 인가 전압에는 무관하기 때문에 발광 재료 자체의 발광 성능을 표현하기에 적합하다.

같은 발광 재료를 사용하여 적층 구조나 전극 구조의 차이에 따라 전압이 다를 수도 있으며 이 경우에도 전압 크기에 영향을 받지 않고 재료 간의 성능을 비교할 수가 있다. 전류 효율을 식으로 표현하면,

$$\eta_c\,[\mathrm{cd/A}] = \frac{L\,[\mathrm{cd/m^2}]}{J\,[\mathrm{A/m^2}]} \tag{2.5}$$

양자 효율에는 내부 양자 효율과 외부 양자 효율이 있다. 소자 내부에서 발생한 광자 수로부터 산출한 방법이 내부 양자 효율이며, 소자 외부로 방출된 광자 수로 계산하는 것이 외부 양자 효율이다. 외부 양자 효율(η_{ext})은 내부 양자 효율(η_{int})과 광 방출 시 효율 η_{out}을 사용하여 다음 식과 같이 표현된다.

$$\eta_{ext} = \eta_{out}\,\eta_{int} \tag{2.6}$$

내부 양자 효율 η_{int}는 소자에 주입된 전자 수 N_{in}에 대해 발생한 광자 수 N_{em}으로 표현한다.

$$\eta_{int} = \frac{N_{em}}{N_{in}} \tag{2.7}$$

실제로 측정 되는 양자 효율은 외부 양자 효율로서 다음 식으로 표현된다.

$$\eta_{ext} = \frac{\pi Le}{K_m hcJ}\,\frac{\int \lambda F(\lambda)\,d\lambda}{\int F(\lambda)\,y(\lambda)\,d\lambda} \tag{2.8}$$

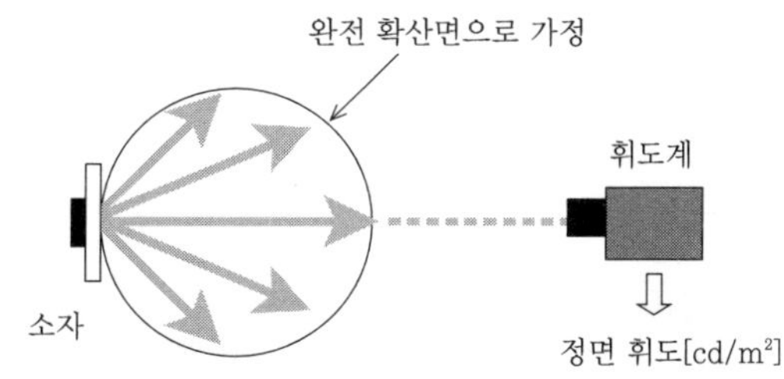

그림 2.20 정면에서의 휘도로부터 외부 양자 효율을 산출

여기서 L은 휘도 [cd/m^2], J는 전류 밀도 [A/m^2], λ는 파장, $F(\lambda)$는 EL 스펙트럼, $y(\lambda)$는 표준 비시감도를 나타낸다. 이 외에도 e는 전하량, h는 플랑크 상수, c는 광속도를 나타내며 K_m은 최대 시감도(683 lm/W)이다.

식 (2.8)을 이용하여 휘도계로 측정한 정면 휘도와 전류 밀도, EL 스펙트럼으로부터 외부 양자 효율을 구할 수 있다.[50], [51] 이를 휘도 환산법이라 부른다(그림 2.20). 이 외부 양자 효율은 시감도를 포함하지 않으므로 발광 파장이 다른 발광 재료들을 서로 비교하거나 발광 기구를 고찰하는 데 적합한 방법이다. 다만 이 방법은 다음에 기술하는 가정이 필요하다.

① 소자로부터 발광 방사 패턴이 완전 확산면(람바시안)일 것
② 발광 스펙트럼이 각도에 의해 변화하지 않을 것
③ 휘도계의 측정 정밀도의 오차를 무시할 수 있을 것

방사 패턴은 소자 내의 유기층의 두께에 따라 빛의 간섭 현상에 의해 다르게 나타난다. 이에 대한 설명은 7장에서 자세히 기술하기로 한다. 발광은 앞쪽으로 향하는 경우와 비스듬하게 향하는 경우가 있다. 여러 층의 발광층을 갖는 백색 발광의 경우는 각도에 의해 발광 스펙트럼이 변화하는 현상도 나타난다. 이 경우 휘도 환산법을 사용하기는 곤란한 점이 있다.

휘도계를 사용하지 않고 발광의 전 광량(광속)을 조사하는 방법으로는 대형 포토다이오드를 소자 전면에 부착하는 방법이 있다.

이 방법은 간편하면서도 높은 정밀도로 측정이 가능하다. 그러나 가장 신뢰성이 높은 측정법은 적분구를 사용한 방법이다. 예를 들어 그림 2.21에 보여 주듯이 적분구의 창에 소자를 부착하고 방출되는 전 광량을 적분구 내에서 전반사시켜 다른 창에서 광 검출기를 통해 측정한다.

이 경우는 소자로부터의 방사 패턴이 어떤 형태라도 모든 광량을 모을 수 있는 측정 시스템이

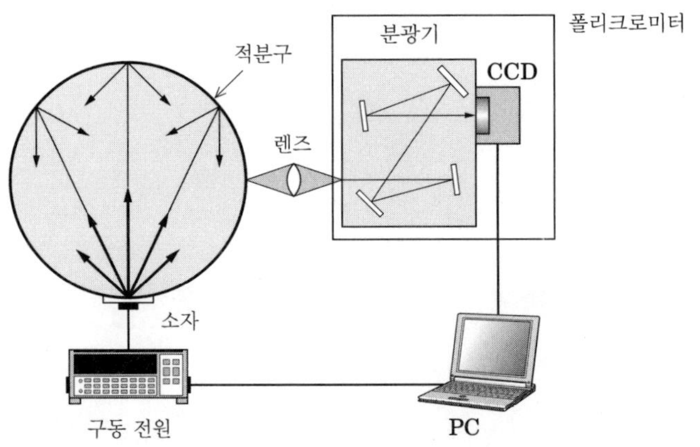

그림 2.21 적분구를 사용한 높은 정밀도의 외부 양자 효율을 측정하는 방법

그림 2.22 적분구를 사용한 외부 양자 효율 측정 장치의 예
(사진 제공 : 옵텔)

다. 검출부는 폴리크로미터를 통하여 고감도의 CCD(Charge Coupled Device) 라인 센서를 이용하여 저휘도로부터 고휘도 영역까지 외부 양자 효율을 측정할 수 있다(그림 2.22). 측정 시스템 전체는 신뢰할 수 있는 표준 광원을 사용하여 엄밀하게 교정되기 때문에 정밀도가 우수한 측정이 가능하다.

발광 효율을 조사할 때 반드시 고려하여야 할 사항은 앞에서도 언급하였듯이 빛을 방출하는 효율이다. 그림 2.23에서 보여 주듯이 유기층 내에서 발생한 빛은 유기 박막층, ITO, 유리 기판을 통과하여 소자 외부로 방출된다. 그 광로는 스넬(Snell)식으로 표현되며 광 방출 효율은 유기 박막의 굴절률 n_{org}로 결정되는 임계각 θ_c에 의존한다.

$$\theta_c(\lambda) = \sin^{-1}\left(\frac{n_{air}}{n_{org}(\lambda)}\right) \tag{2.9}$$

여기서 n_{air}는 공기의 굴절률이다.

음극은 금속으로 완전 반사면이며 발광층 내에서의 발광은 등가적으로 방사된다고 가정하면 광 방출 효율 η_{out}은 다음 식에 따른다. n_{org}은 발광층의 굴절률이다.[52]

$$\eta_{out} \fallingdotseq \frac{0.5}{n_{org}{}^2} \tag{2.10}$$

유기층의 굴절률을 1.6으로 가정하면 소자 외부로 방출되는 빛은 단지 약 20% 정도가 된다. 나머지 80%는 유기 박막과 유리 기판 내를 옆 방향으로 다중 반사를 하면서 도파하여 기판 양 끝면에서 방출되거나 또는 도중의 음극 금속 표면에서 없어지게 된다. 실제로 소자의 유리 기판 단면을 관찰하면 강한 빛이 방출되고 있음을 관찰할 수 있다.

금속 전극에서의 반사 성분과 간섭 현상을 일으키는 경우는 다음 식에서 보여 주듯이 광 방출 효율은 29%로 높아진다는 사실이 알려져 있다.

$$\eta_{out} \fallingdotseq \frac{0.75}{n_{org}{}^2} \tag{2.11}$$

이들은 어느 경우에도 발광 분자의 쌍극자가 무질서(random)하여 발광 시 이방성이 없는 경우이다.

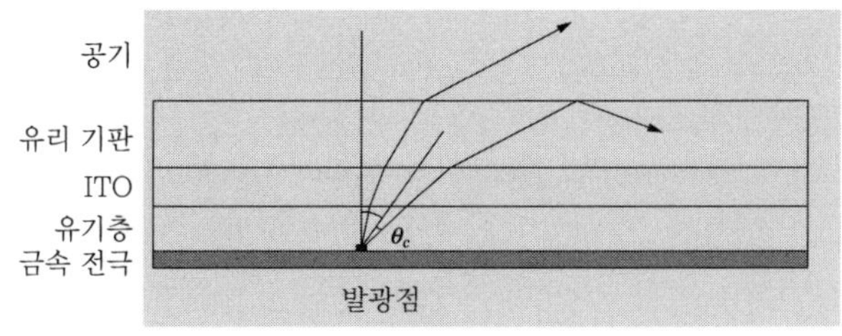

그림 2.23 발광층에서 광의 방출을 모식적으로 나타낸 그림
θ_c는 빛을 외부로 방출시키는 임계각

　여기서 공역계 고분자이면서 쌍극자가 분자 축에 인접해 있는 경우는 기판 면에 평행한 방향으로 쌍극자가 모이는 가능성이 있으며 이 경우 광 방출 효율이 크게 된다.

　소자 내에서 발생한 빛을 어떻게 소자 앞쪽 면으로 방출하여 실질적인 발광에 기여하도록 하는 일이 매우 중요한 과제로 되고 있다. 이 문제는 같은 자발광 소자인 무기 박막 EL 소자에서도 논의되어 왔다. 기초 연구 단계이지만 몇 가지 제안이 유기 EL 소자에서 보고되고 있다.[53],[54] 예를 들어 그림 2.24에서 나타낸 것처럼 마이크로렌즈를 유리 기판 면에 배치하는 방법이나 실리카 미소공을 펼쳐서 유리 기판 내의 도파 성분을 외부로 방출하는 방법 등이 보고되고 있다. 또한 ITO 박막층과 유리 기판 사이에 다공질층(에어로겔층)을 삽입하는 방법[55]도 보고되고 있다. 그러나 실제의 디스플레이에 적용 가능한 기술은 아직 확립되어 있지 않아서 앞으로의 커다란 연구 과제로 남아 있다.

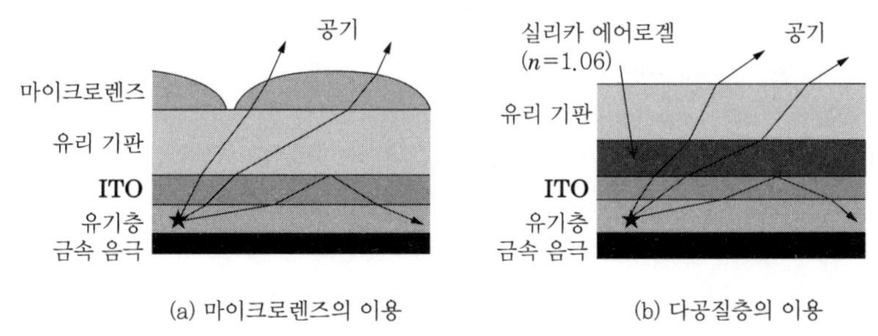

(a) 마이크로렌즈의 이용　　　(b) 다공질층의 이용

그림 2.24 제안되고 있는 광 방출 효율의 개선 방법

참고 문헌

(1) M.A.Lampert and P.Mark : Current injection in Solids, Academic Press,Inc. (1970)

(2) J.D.Wright : Molecular Crystals, Cambridge University Press (1987)

(3) M.Pope and C.E.Swenberg : Electronic Processes in Organic Crystals and Polymers, Oxford Science Publications (1999)

(4) E.A.Silinsh : Organic Molecular Crystals, Springer−Verlag (1980)

(5) W.Helfrich and W.G.Schneider : Phys.Rev.Lett.,14,p.229 (1965)

(6) W.Helfrich and W.G.Schneider : J.Chem.Phys.,44,p.2902 (1966)

(7) J.S.Kim, P.K.H.Ho, N.C.Greenham and R.H.Friend : J. Appl. Phys., 88, p.1073 (2000)

(8) M.Wohlgenannt, K.Tandon, S.Mazumdar, D.Ramasesha and Z.V.Vardeny : Nature,409,pp.494−497 (2001)

(9) C.W.Tang and S.A.VanSlyke : Appl. Phys. Lett.,51, p.913 (1987)

(10) C.Adachi, T.Tsutsui and S.Saito : Appl. Phys. Lett.,55, p.1489 (1989)

(11) C.Adachi, T.Tsutsui and S.Saito : Appl. Phys. Lett.,57, p.531 (1990)

(12) 安達千波矢, 筒井哲夫, 齋藤省吾 : 텔레비전학회지,44,p.578 (1990)

(13) C.W.Tang, S.A.VanSlyke and C.H.Chen : J.Appl.Phys.Lett.,65,p.3610 (1989)

(14) C.Adachi, K.Nagai and N.Tamoto : Appl.Phys.Lett.,66,p.2679−2681 (1995)

(15) S.A.VanSlyke and C.W.Tang : US patent,4,720,432

(16) Y.Shirota, Y.Kuwabara, H.Inada, T.Wakimoto, H.Nakada, Y.Yonemoto, S. Kawami and K.Imai : Appl.Phys.Lett.,65,p.807 (1994)

(17) Y.Yang and A.J.Heeger : J.Appl.Phys.,64,p.1245 (1994)

(18) H.Antoniadis, M.R.Hueschen, J.McElvain, J.N.Miller, R.L.Moon, D.B.Roitman and J.R.Sheats : Polymer Preprints (ACS), p.382 (1997)

(19) C.Hosokawa, H.Higashi and T.Kusumoto : Appl. Phys. Lett., 62, pp.3238−3240 (1993)

(20) C.Adachi. T.Tsutsui and S.Saito : Appl.Phys.Lett.,55,p.1489 (1989)

(21) 浜田祐次, 安達千波矢, 筒井哲夫, 齋藤善吾 : 일본화학회지,11,p.1540 (1991)

(22) J.Kido, M.Kimura and K.Nagai : Science,267,p.1332 (1995)

(23) H.Nakada, S.Kawami, K.Nagayama, Y.Yonemoto, R.Murayama, J.Funaki, T. Wakimoto and K.Imai : Polym.Prepr.Jpn.,43,pp.2450 (1994)

(24) M.Stukelj, F.Papadimitrakopoulos, T.Miller and L.Rothberg : Science,267, p. 1969 (1995)

(25) E.Buchwald, M.Meier, S.Kag, P.Posch, H−W.Schmidt, P.Strohriegl, W.Reis and M.Schwoerer : Adv.Mater.,10, p.839 (1995)

(26) J.Kido, G.Harada and K.Nagai : Chem. Lett., p.161 (1996)

(27) Y.Yang and Q.Pei : J.Appl.Phys.,77,p.4807 (1995)

(28) Q.Pei and Y.Yang : Adv.Mater.,7,p.559 (1995)

(29) Q.Pei and Y.Yang : Chem.Mater.,7,p.1568 (1995)

(30) 森 吉彦, 遠藤 宏, 林 善夫 : 응용물리,61,p.1044 (1992)

(31) G.E.Johnson and K.M.McGrane and M.Stolka : Pure & Appl. Chem., 67, p.75 (1995)

(32) C.Adachi, K.Nagai and N.Tamoto : Jpn.J.Appl.Phys.,35,p.4819 (1996)

(33) H.Tokailin, M.Matsuura, H.Higashi, C.Hosokawa and T.Kusumoto : SPIE
Proceedings, 1910,p.38 (1993)

(34) 森川通孝, 安達千波矢, 筒井哲夫, 齋藤善吾 : 信學論,C-2,p.661 (1990)

(35) Y.Hamada, T.Sano, M.Fujita, T.Fujii, Y.Nishio and K.Shibata : Jpn. J. Appl.
Phys.,32,p.L514 (1993)

(36) P.E.Burrows, L.S.Sapochak, D.M.McCarty, S.R.Forrest and M.E.Thompson :
Appl.Phys.Lett.,64,p.2718 (1994)

(37) Y.Hamada, T.Sano, M.Fujita, T.Fujii, Y.Nishio and K.Shibata : Chem. Lett., p. 905 (1993)

(38) E.Aminaka, T.Tsutsui and S.Saito : J.Appl.Phys.,79,p.8808 (1996)

(39) Y.A.Ono : Electroluminescent Displays,p.7, World Scientific (1995)

(40) 仲田壯志, 遠藤 潤, 川村憲史, 森 浩一, 横井 啓, 松本敏男, 城戸淳二 : 응용물리학회 학술강연회 予稿集,
63, p.1165 (2002)

(41) L.S.Liao, K.P.Klubek and C.W.Tang : Appl.Phys.Lett.,84,2,p.167 (2004)

(42) K.O.Cheon and J.Shinar : Appl.Phys.Lett.,81,p.1738 (2002)

(43) J.Kido, H.Shionoya and K.Nagai : Appl. Phys. Lett.,67, p.2281 (1995)

(44) C.W.Ko and Y.T.Tao : Appl.Phys.Lett.,79,p.4234 (2001)

(45) J.D.Wright : Molecular Crystals, Cambridge University Press (1987)

(46) H.J.Wagner, R.O.Loutfy and C.K.Hsiao : J.Mat.Sci.,17,p.2781 (1982)

(47) 岩間由希, 細井健太, D.C.Cho, 森 龍雄, 水谷照吉 : 信學技報, 102, pp.17-21 (2003)

(48) T.Oyamada, C.Maeda, H.Sasabe and C.Adachi : J. Appl. Phys.,42, p.L1535 (2003)

(49) 仲田 仁 : 응용물리, 69, p.1113-1116 (2000)

(50) T.Shiga, S.Tokito and Y.Taga : Proceedings of EL' 00,p.179 (2000)

(51) T.Tsutsui and K.Yamamoto : Jpn. J. Appl. Phys., 38, p.2799 (1999)

(52) Ji-S.Kim, P.K.H.Ho, N.C.Greenham and R.H.Friend : J. Appl. Phys., 88, p.1073 (2000)

(53) N.Sone and Y.Kawakami : Proceedings of IDW' 03,p.1297 (2003)

(54) S.Moller and S.R.Forrest : J. Appl. Phys.,91, p.3324 (2002)

(55) T.Tsutsui, M.Yahiro, H.Yokogawa, K.Kawano and M.Yokoyama : Adv.
Mater.,13,p.1149 (2001)

03

캐리어 주입과 수송 과정

유기 박막 EL 소자는 캐리어 주입에 의해 유기층 내에서 전도 현상이 나타나며, 이러한 전도 현상의 고찰은 발광 원리를 이해하는 데 크게 도움이 된다. 본 장에서는 유기 EL 박막의 캐리어 주입과 밴드 전도, 호핑 전도 등 전기 전도 현상에 대해 설명한다. 또한 트랩 준위에서 캐리어의 방출에 대해 알아보고, 캐리어 이동 시 이동도의 측정법과 이동도가 전류–전압 특성에 미치는 영향 등에 대해 고찰한다.

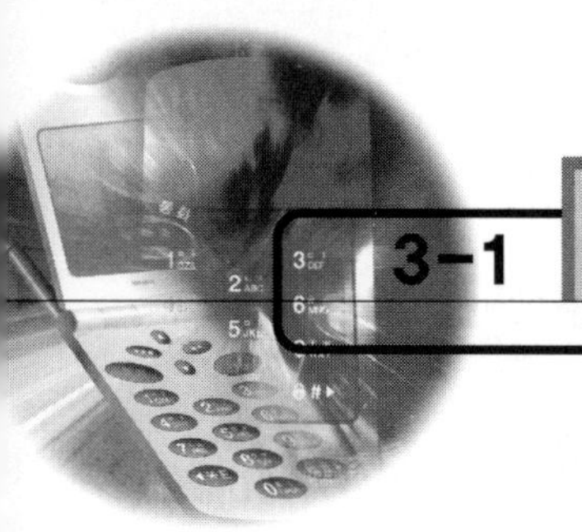

3-1 유기 박막에 대한 캐리어 주입

① ▶▶▶ 대표적인 유기 재료에서의 전기 전도 현상

유기 EL에 사용되는 많은 유기 반도체 재료는 낮은 전계($<10^4$V/cm)에서 전기적으로 절연체적인 특성을 나타내는 경우로 인식하여야 한다. 예를 들어 대표적인 안트라센(antrasen) 진공 증착막은 ~10^{15} $\Omega \cdot$cm의 저항률을 나타낸다.[1]

또한 전형적인 π 공역 고분자 재료의 하나인 폴리파라페닐렌비닐렌(PPV : poly parapheny-lene vinylene)은 약 10^{16} $\Omega \cdot$cm의 저항률을 나타낸다.[2] 이러한 결과는 정제된 유기 재료는 도너 또는 억셉터 등의 화학적 도핑을 하지 않고는 전하 캐리어(charge carrier) 밀도가 매우 작다는 것을 의미한다. 그렇지만 유기 EL 소자에서는 ~1A/cm^2 이상의 높은 전류 밀도를 어려움 없이 달성할 수 있다.

이러한 사실은 지금까지의 유기 반도체에 대한 인식과 상반되는 것이며 따라서 유기 EL에 있어서 전류의 흐름을 이해하기 위해서 전자 전도 기구를 이해하여야 한다. 이러한 기구로는 캐리어 주입 현상과 SCLC(Space Charge Limited Current : 공간 전하 제한 전류)의 현상에 대한 이해가 요구된다. 유기 EL 소자에서 큰 전류 밀도는 우선 전극과 유기 물질의 계면에서 캐리어

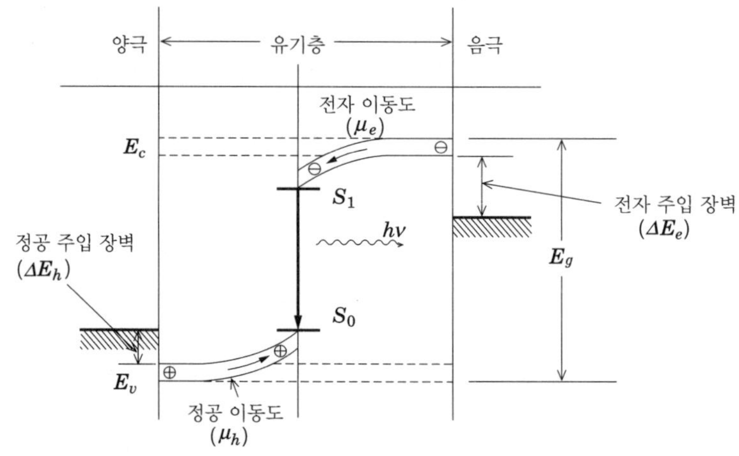

그림 3.1 유기 반도체의 에너지 상태도(캐리어 주입 장벽과 캐리어 이동도)

주입 현상과 공간 전하 제한 전류(SCLC)에 의해 얻어진다.[3] 유기 박막의 전자 전도 기구는 기본적으로는 고립 분자의 HOMO와 LUMO 준위에 기초를 두고 있으며 각각의 분자 사이에 약한 반데르발스 결합(Vander Waales Bonding)으로 매우 좁은 폭의 전도대(E_c)와 가전자(E_v)가 형성된다(그림 3.1). 특히 전자와 정공의 캐리어 밀도(n_h, n_e)와 이동도(u_h, u_e)를 도입하여 유기 박막의 전자 전도 기구를 해석할 수 있다.

E_c와 E_v는 주로 캐리어 주입 현상에 관계하고, 캐리어 밀도(n_h, n_e)와 이동도(u_h, u_e)는 캐리어 수송 현상과 관련이 있는 물성값이다(그림 3.2). 도핑을 하지 않은 유기 반도체의 캐리어 밀도는 $10^5 \sim 10^{10} \mathrm{cm}^{-3}$ 정도의 낮은 값을 갖는다. 이들 캐리어의 생성 기구로는 미량 불순물 또는 불규칙한 응집 상태에 의해 형성되는 외인적인 원인으로 생각될 수 있다.

한편 전형적인 유기 증착막의 이동도는 $10^{-3} \sim 10^{-7} \mathrm{cm}^2/(\mathrm{V \cdot s})$로서 무기 재료의 이동도 $1 \sim 10^3$ $\mathrm{cm}/(\mathrm{V \cdot s})$에 비해 매우 작은 값을 나타낸다. 따라서 이 작은 이동도는 유기 반도체 재료를 고성능 소자로서 제작할 때 장애 요인이 되고 있다. 다시 말해 유기 박막에 캐리어를 주입하여 수송하기 위해서는 두께가 매우 얇은 "유기 초박막의 형성"이 필수적이다. 유기 EL 소자에서 보통 100nm 두께의 유기 박막에 10V 전압을 인가함으로써 캐리어 주입과 SCLC를 가능하게 하는 약 10^6 V/cm의 높은 전계를 발생시키게 된다.

그림 3.2에는 하나의 예로서 Alq$_3$ 박막의 에너지 상태도를 보여 준다. 이와 같이 양극·음극과 유기층의 양쪽 계면에는 0.7 eV에 달하는 큰 주입 장벽이 존재하고 있다. 또한 전자 이동도는 $10^{-5} \mathrm{cm}^2/(\mathrm{V \cdot s})$, 정공 이동도는 $10^{-7} \mathrm{cm}/(\mathrm{V \cdot s})$ 정도이다.[4], [16] 특히 도핑 등을 하지 않을 경우에 Alq$_3$ 내부에 존재하는 캐리어는 아주 적은 수가 된다. Alq$_3$ 박막에는 이와 같이 큰 주입 장벽이 존재하지만 전극에서 강제적으로 Alq$_3$ 층에 전하 주입이 가능하다면 본질적으로 전하를 흐르게 하는 능력(캐리어 이동도)을 가지고 있기 때문에 반도체로서의 기능이 나타난다.

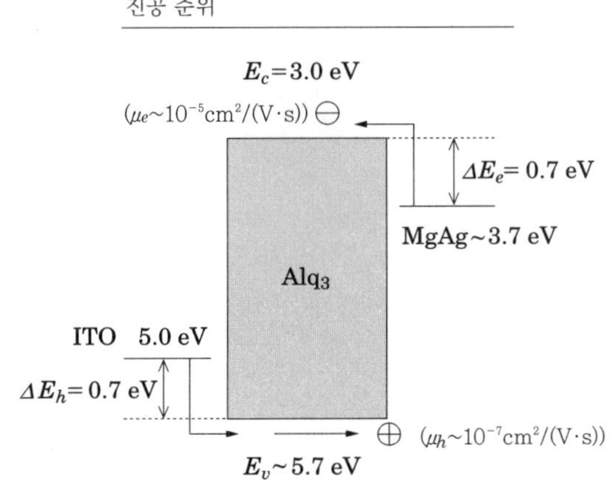

그림 3.2 Alq$_3$ 박막의 에너지 상태도

② ▶▶▶ 쇼트키(Schottky) 열방사

높은 전계하에서 전극으로부터 유기 박막에 전하를 주입하는 사실에 주목하자. 전하 주입 기구에는 무기 반도체 이론에 기초하여 쇼트키 열방사, 터널(tunnel) 주입 기구의 2종류의 메커니즘을 생각해 볼 수 있다(그림 3.3 (a)). 쇼트키 열방사 과정은 다음 식과 같이 나타낼 수 있다.[5]

$$J = \frac{4\pi q m^* k}{h^3} T^2 \exp\left(-\frac{q\Phi_{Bn}}{k_B T}\right)\left[\exp\left(\frac{qV}{k_B T}\right) - 1\right] \tag{3.1}$$

여기서 m^* : 정공, 전자의 유효 질량 k_B : 볼츠만 상수
  h : 플랑크 상수 T : 온도
  q : 전하량 Φ_{Bn} : 장벽 높이
  V : 인가 전압

그림 3.2에 보여 주듯이 Alq₃/Mg 계면에는 0.7eV의 에너지 장벽이 존재한다. 이러한 0.7eV의 높은 에너지 장벽이 존재하는 경우 쇼트키 방사에 의해 에너지 장벽을 넘어 큰 전류가 흐르는 것은 기대하기 어렵다. 한편 전형적인 유기 EL 소자의 전류–전압 특성에 있어서 온도 의존성으로부터 예상되는 활성화 에너지는 약 0.3eV 정도이다.

만약 쇼트키 전도 기구를 캐리어 주입 기구로 생각할 경우에 주입 기구는 그림 3.3 (c)에 나타

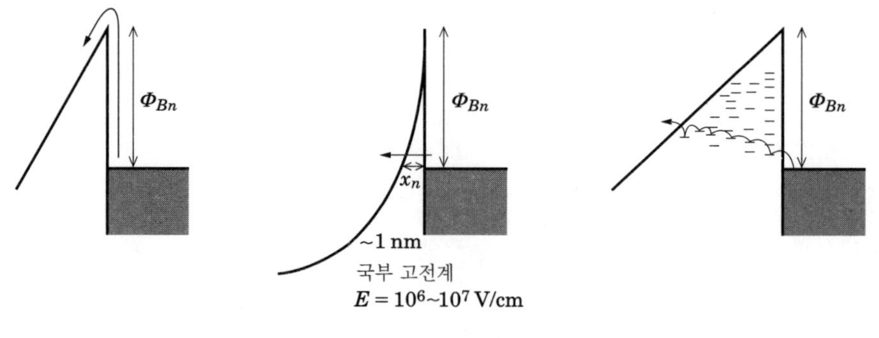

그림 3.3 쇼트키형 전하 주입과 터널 주입 기구

낸 바와 같이 구조상의 결함이나 불순물에 의해 발생한 국소적인 에너지 준위를 매개로 하여 캐리어 주입이 발생하는 것으로 생각할 수 있다.

3 ▶▶▶ 파울러 · 노르드하임형 터널 주입 기구

캐리어 주입에 대한 또 하나의 가능성은 그림 3.3 (b)에서 보이는 파울러 · 노르드하임(Folwer–Nordheim)형 터널(tunnel) 주입 기구를 들 수 있다.[5]

$$J = \left(\frac{q^3 V^2 m_0}{8\pi h \Phi_{Bn} m^*}\right) \exp\left(-\frac{4(2m^*)^{0.5}\Phi_{Bn}^{1.5}}{3hqV}\right) \tag{3.2}$$

여기서 m_0 : 자유 전자의 질량,　m^* : 유효 질량,　V : 인가 전압

식 (3.2)에 있어서 $\sim 10^6$ V/cm 정도의 전계 강도가 인가된 경우 추정되는 터널 거리는 약 10nm를 넘게 되어 이는 현실적인 값이 될 수 없다. 따라서 1nm 정도의 터널 거리를 가정할 때 유기층 분자/금속 전극 계면에는 약 10^7 V/cm의 국소적인 고전계를 발생시켜야 한다. 분명히 터널 주입 기구에서 J–V 특성을 설명할 수 있는 경우도 다수 있지만 온도 특성을 측정하면 터널 기구로는 설명하기가 어려운 경우가 대부분이다. 이와 같이 유기 반도체의 J–V 특성의 온도 의존성은 캐리어 주입과 수송 현상에 복잡하게 연관되어 있으며 온도에 의해 율속 과정이 변화하는 현상으로 판단된다.[6], [7]

이제 정공 주입과 전자 주입의 두 가지 실제 예를 들어 보자. 그림 3.4는 ITO/TPD/Alq₃/MgAg 소자에서 ITO 표면층에 산화물을 30nm 적층하고 전류–전압 특성을 측정한 결과이다. 흥미로운 것은 적층한 산화물의 일함수가 클수록 구동 전압은 낮아지는 결과를 보여 주는 것이다. 특히 VO$_x$에 있어서는 표준 소자보다 3V 정도 구동 전압의 저하를 보이고 있다.[8]

한편 그림 3.5(a), (b)는 ITO/α-NPD/Alq₃/X/Al 소자 구조로서 X는 알칼리 금속 및 알칼리 희토류 금속을 삽입한 경우의 소자 특성을 보여 준다. 일함수가 작은 알칼리 금속을 0.5nm 삽입함으로써 전류–전압–휘도 특성을 크게 향상시킬 수 있다.[9] 특히 Cs를 사용한 경우 가장 구동 전압이 낮아지는 결과를 보여 주고 있다.[10]

특히 흥미로운 현상은 Al 단일 전극에서는 전류–전압 특성이 TCLC(Trap 존재하에서의 SCLC)의 식에 따르지만, 알칼리 금속층을 삽입함으로써 터널 주입을 모델로 한 식과 일치하는 점이다. 이러한 사실은 Cs 등의 알칼리 금속층의 삽입에 의해 음극과 유기층에서의 주입 장벽이 크게 작아짐을 시사하고 있다. 알칼리 금속의 움직임에는 여러 가지 요인을 생각할 수 있지만 알

칼리 금속의 박막 두께 의존성의 측정으로부터 계면에서 뒷면의 Al 금속과의 사이에 합금을 형성하여 합금층의 일함수가 알칼리 금속 단일 물질의 일함수보다 작은 값을 가지는 것으로 판단된다. 이와 같이 쇼트키 기구 또는 터널 기구 어느 쪽을 적용하여도 실험으로부터 얻어진 $J\text{-}V$ 특성과 이론값이 완전히 일치한다고는 말할 수 없는 것이 현실이다. 유기 반도체의 전류–전압 특성이라는 기본적인 관계식조차 아직 충분히 설명하기에는 곤란한 점이 있으며 앞으로 유기 반도체에 있어서 하나의 검토 과제가 되고 있다.

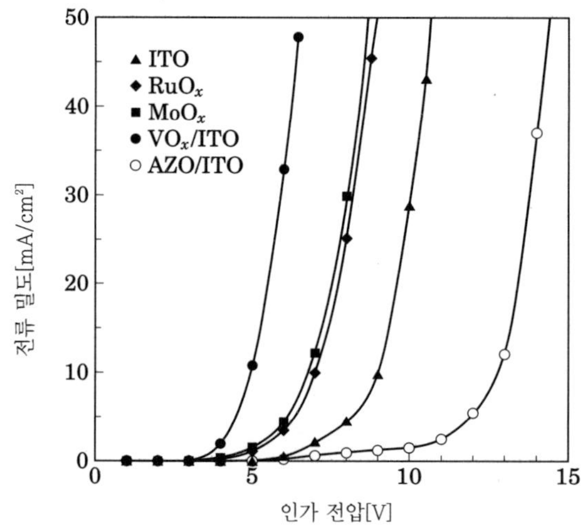

그림 3.4 ITO/X/Alq₃/MgAg 소자에 여러 산화물을 삽입한 경우의 전류–전압 특성

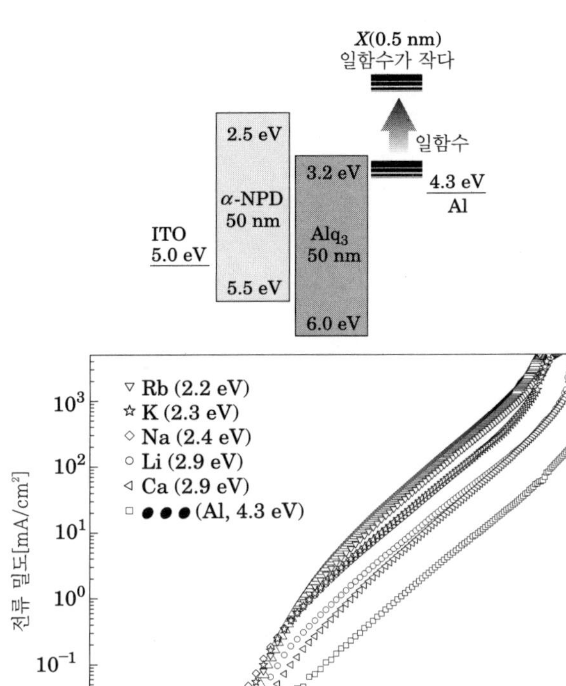

(a) ITO/α-NPD/Alq₃/X/Al 소자에 있어서 X에 알칼리 금속 및
알칼리 희토류 금속을 삽입한 경우의 전류-전압 특성

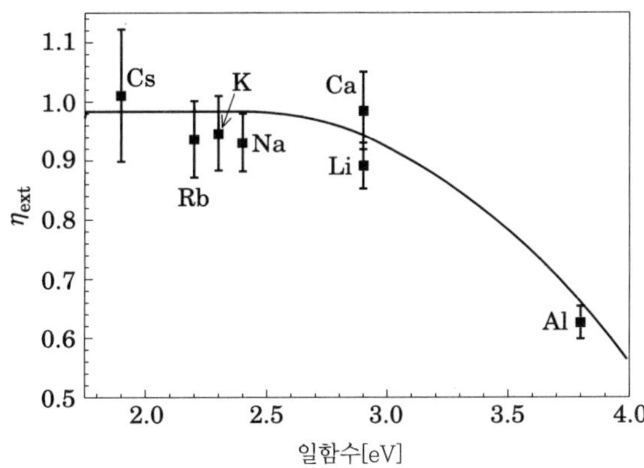

(b) ITO/α-NPD/Alq₃/X/Al 소자에 있어서 X에 알칼리 금속 및
알칼리 희토류 금속을 삽입한 경우의 외부 양자 효율-일함수
의 관계

그림 3.5 EL 특성의 음극-금속 의존성

유기 박막 내의 캐리어 수송

1 ▶▶▶ 밴드 전도

무기 반도체의 결정과 같이 원자가 주기적인 질서 구조를 형성하고 있는 경우 결정 내의 퍼텐셜(potential)은 일정 주기 a를 가진 영역을 형성한다. N개의 원자로부터 구성된 결정에서는 각 원자 내의 전자에 의해 점유된 에너지 준위 N개가 모여서 가전자대를 형성한다. 그 위의 에너지 준위에는 전자가 비어 있는 준위 N개가 모여서 전도대를 형성한다. 가전자대와 전도대의 사이에 전자가 존재할 수 없는 영역(금지대)이 존재한다. 이와 같은 전자 구조를 에너지 밴드(energy band) 구조라 부른다(그림 3.6). 가전자대의 전자는 이동할 수 없지만 열이나 빛 등 외부 에너지에 의해 전도대로 여기되어 전도 전류에 기여하는 캐리어가 된다.

밴드 전도 기구에 의해 전자가 전도대를 이용할 때 이동도 μ는 전자가 산란을 받지 않고 이동하는 시간을 τ라 할 때,

$$\mu = \frac{e\tau}{m^*} \tag{3.3}$$

으로 표현된다. 여기서 m^*는 전자의 유효 질량이다. 밴드 내를 이동하는 전자는 격자 진동에 의해 산란을 받기 때문에 온도가 내려가면 이동도가 상승한다. 일반적으로 이동도가 $10\text{cm}^2/(\text{V·s})$

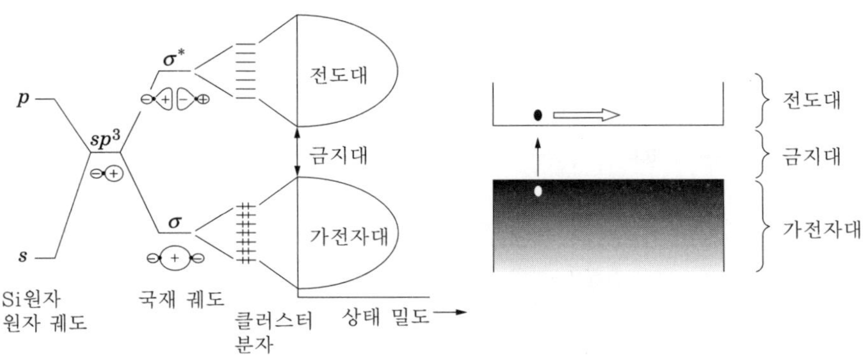

그림 3.6 에너지 밴드 구조

이상인 경우에 밴드 전도 기구에 의한 전자의 이동이 발생한다고 짐작할 수 있다. 예를 들어 안트라센 단결정의 이동도는 전자, 정공 모두 실온에서 $1cm^2/(V \cdot s)$ 정도이지만, 온도가 낮아짐에 따라 상승하여 100K에서는 $7cm^2/(V \cdot s)$ 까지 증가한다.[11]

이 경우 안트라센 결정 내의 전도 기구는 밴드 전도라 볼 수 있다. 한편 유기 EL 소자에 사용되는 비정질성 유기 증착막에서 관측되는 이동도는 $10^{-7} \sim 1cm^2/(V \cdot s)$로 매우 작다. 따라서 밴드 전도에 의한 전류는 거의 흐르지 않는 것으로 생각할 수 있다.

② ▶▶▶ 호핑 전도

결정 구조가 규칙적이지 않은 비정질 고체 내에서의 전자 전도는 외부 전계를 구동력으로 하여 전자가 에너지 준위 사이를 호핑(hopping) 이동하는 경우를 생각해 볼 수 있다. 그림 3.7에 보여 주는 호핑 기구에 위한 이동도는 격자 진동에 의한 에너지를 전자가 흡수하여 더 높은 준위로 이동하는 현상으로 온도의 증가와 함께 이동도가 커지는 열 활성화형 온도 의존성을 나타낸다. 유기 분자가 분자 간 인력으로 약하게 상호 결합된 분자성 결정 또는 비정질의 증착막 내에서의 호핑 이동 시 최소 단위는 각각의 분자로 생각할 수 있다.

이와 같은 호핑 전도는 두 가지 기구가 있다. 하나는 전자가 분자 사이의 파동 함수의 중첩을 통해서 터널 효과로 이동하는 터널 호핑 기구와 또 다른 하나는 깊은 준위에 갇혀서 이동할 수 없는 전자가 터널 가능한 준위로 열적으로 여기된 후 터널 호핑하는 경우이다. 앞의 경우 터널 호핑에 의한 이동도 μ_{TH1}은 다음 식과 같이 표현된다.

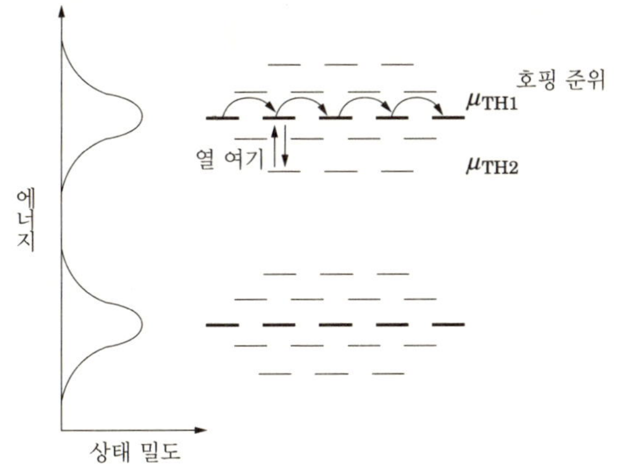

그림 3.7 비정질 고체 내에서 호핑 전도

$$\mu_{TH1} = \frac{eR^2v}{k_BT}\exp(-2aR) \tag{3.4}$$

여기서 R은 호핑 준위에 있는 분자의 분자 간 거리, v는 분자 진동의 주파수, a는 터널 계수이다. 절연체에서 μ_{TH1}은 약 $10^{-3}\,cm^2/(V{\cdot}s)$의 값을 가질 수 있다.

전자가 터널 호핑이 가능한 준위보다도 더욱 깊은 준위에 존재하고 있으면 그 준위의 밀도가 작기 때문에 분자 간 거리 R이 커지고 터널 확률이 크게 저하한다. 이때 전자는 실제로 이 준위에 트랩되어 갇힌 상태로 된다. 트랩된 전자가 이동하기 위해서는 터널 호핑 가능한 준위로 열적으로 여기하여야만 한다. 전자가 트랩된 에너지 준위와 호핑 가능한 준위의 에너지 차를 $\triangle E$라 하면 이 경우 이동도 μ_{TH1}은 다음 식과 같다.

$$\mu_{TH1} = \frac{eR^2v}{k_BT}\exp\left(-2aR - \frac{\triangle E}{k_BT}\right) \tag{3.5}$$

μ_{TH2}의 값은 $\triangle E$에 의해 크게 변화하며 약 $10^{-10} < \mu_{TH2} < 10^{-3}\,cm^2/(V{\cdot}s)$ 범위의 값을 갖는다.

분자성 결정 내를 전자가 호핑에 의해 이동할 때 호핑 준위가 분자의 에너지 준위의 어느 곳에 대응하는가는 흥미로운 문제이다. 흡수 스펙트럼에는 분자의 여기 준위에서 기저 상태의 파동 함수와 같은 대칭성을 가져 광학적으로 천이가 허용되는 것으로 관측되고 있다. 이 경우 분자는 전기적으로 중성 상태가 된다.

한편 유기 박막 내에 주입된 전자가 어떤 에너지 준위 사이를 호핑으로 이동하는 경우에는 기저 상태의 라디칼 음이온(radical anion)이 이동하는 것으로 생각된다. 따라서 흡수 스펙트럼으로 관측된 중성 분자의 전자 천이 레벨이 반드시 전자의 호핑 자리(site)일 필요는 없다. 오히려 전자가 자유 캐리어로서 분자 사이를 호핑하기 위해서는 중성 상태와 라디칼 음이온 상태의 전자들 사이에서 파동 함수의 중첩이 커질 필요가 있다고 판단된다. 같은 이론으로 정공 수송의 경우 즉 라디칼 양이온(radical cation)의 이동에 대해서도 성립한다.

예를 들어 유기 EL 소자의 정공 수송 재료로 알려진 TPD(방향족 아민)의 정공 수송 기구가 분자 궤도의 계산에 의해 이론적으로 검토되고 있다. 마카스 이론[12]에 기초하여 해석한 결과 TPD에서는 정공 수송의 기본 단위로는 트리페닐아민 골격의 구조 변화가 중성 상태와 라디칼 양이온 상태에서 매우 작은 사실이 높은 정공 이동도의 원인이 되는 것으로 생각된다.[13]

3 ▶▶ 풀 프렝켈 효과에 의한 트랩에서의 캐리어 방출[14]

트랩(trap)이 존재하면 캐리어 이동도에 영향을 미치는 것과 동시에 트랩에 갇혀 있는 캐리어가 트랩에서 방출할 때 유전체 내부의 캐리어 밀도 역시 변화한다. 그림 3.8에 보여 주듯이 트랩 준위와 전도대의 에너지 차 E_t를 갖는 트랩 준위에 갇힌 전자가 트랩으로부터 나와서 이동 가능한 캐리어로 되기 위해서는 반드시 에너지 E_t가 주어져야만 한다. 그러나 전자는 자신이 방출되어 발생한 정전하에 의해 만들어진 퍼텐셜 필드 U_o에 의해 되돌아오게 된다.

한편 유전체에 전계 F가 인가되는 경우 그 효과에 의해 전도재의 하단은 $-eFx$ 만큼 기울어진다. 기울어진 값만큼 전자가 트랩을 탈출하는 데 필요한 에너지 장벽은 낮아진다. 따라서 실제적인 에너지 장벽을 나타내는 함수 $U(x_{max})$는 이들의 합산이 된다. 전자가 방출되기 위해서는 $U(x)$의 최대값인 $U(x_{max})$를 넘어서면 가능하다.

이 준위에 갇혀 있는 전자가 열적으로 방출되는 확률은 맥스웰 · 볼츠만(Maxwell Boltzmann) 분포 함수에 따르며 캐리어가 생성하는 확률 η는 다음 식과 같이 표현된다.

$$\eta = \eta_0 \exp\left(\frac{-U_{max}}{k_B T}\right) = \eta_0 \exp\left(-\frac{(E_t - \beta_{PF} F^{1/2})}{k_B T}\right) \tag{3.6}$$

여기서 β_{PF}는 풀 프렝켈 계수 η_0는 에너지 장벽이 없을 때의 캐리어 생성 확률이다.

$$\beta_{PF} = \left(\frac{e^3}{\pi \varepsilon}\right)^{1/2} = 2\beta_s \tag{3.7}$$

여기서 ε, β_s는 각각 유전율, 쇼트키 정수이다.

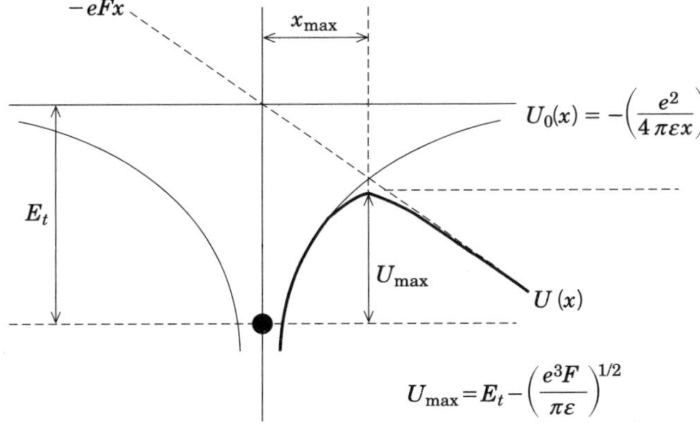

그림 3.8 풀 플렝켈 효과에 의한 캐리어 방출

전류값은 캐리어의 생성 확률에 비례하므로 풀 프렝켈 효과에 의해 발생하는 전류의 도전율 σ 역시 η에 비례한다. 즉 식 (3.7)에서 알 수 있듯이 전류가 풀 프렝켈 효과에 기초하는 경우 $\log \sigma$ 대비 $F^{1/2}$의 그래프는 직선이 되며 이때 기울기가 풀 프렝켈 계수가 된다.

④ ▶▶▶ 캐리어 이동도의 측정법[1]

캐리어 이동도는 전도 기구를 고찰하는 데 중요할 뿐만 아니라 유기 EL 소자의 구동 전압을 결정하는 중요한 요소가 된다.

이동도의 측정에는 홀 효과를 이용하거나 I-V 특성에 대해 공간 전하 제어 전류를 해석하는 방법 등 여러 방법이 있다. 캐리어 밀도 또는 전도 기구에 관계없이 이동도를 결정하는 방법으로 Time of Flight(TOF)법이 자주 사용된다. TOF법에 의한 이동도의 측정 원리를 그림 3.9에서 보여 주고 있다.

측정하고자 하는 시료의 양측에 증착 등으로 전극을 부착한다. 이때 전극 재료에는 전극에서의 캐리어 주입이 발생하지 않는 재료를 선택할 필요가 있다. 전극으로부터 캐리어 주입이 일어나지 않음은 시료에 대해 어두운 상태에서 전압을 인가하여 흐르는 전류값을 측정하여 확인한다. 이때의 전류값은 시료의 두께에도 영향을 받지만 수 μm의 박막 두께에서 수 nA 이하의 값이 바람직하다. 또한 두 개의 전극 중에서 빛이 입사되는 전극은 투명 또는 반투명 전극을 사용할 필요가 있다.

전극 재료로는 ITO 투명 전극이나 반투명 알루미늄 전극 등이 자주 사용된다. 시료에 전압을

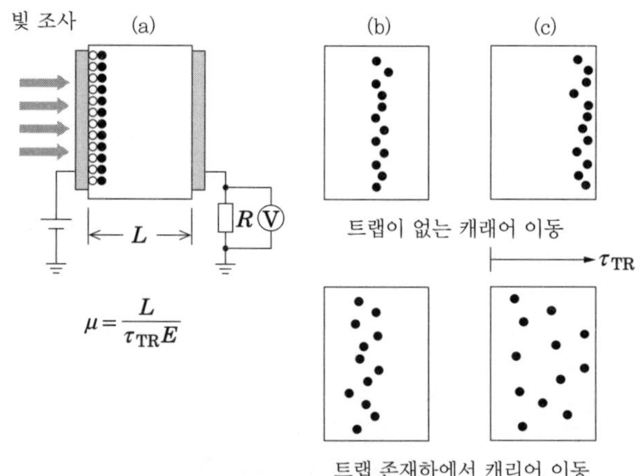

그림 3.9 Time of Flight법에 의한 이동도의 측정

인가한 상태에서 (반)투명 전극 측으로부터 광 펄스를 조사하면 시료 표면에 전자·정공대가 생성되며 전계에 의해 전자와 정공으로 분리된다. 이때 전자—정공대가 생성되는 영역은 시료 전체 박막 두께의 10% 이하가 되도록 하는 것이 바람직하다.

이를 위해 박막 시료의 광 흡수 스펙트럼을 다시 측정하여 여기 광 파장의 흡광 계수로부터 위의 조건을 만족하는 시료 두께를 결정하게 된다. 광 펄스용의 광원으로는 질소 레이저(펄스 폭 수 ns, 파장 337nm)가 주로 사용된다.

측정 시료의 광 캐리어 생성 효율이 낮아서 광 과도 전류의 감도가 불충분할 때에는 캐리어 생성층을 수백 nm 정도로 적층하는 경우가 있다. 캐리어 생성층 재료로는 각종 프탈로시아닌이나 페릴렌 유도체가 사용된다. 이 경우 캐리어 생성층 재료의 흡수 파장에 맞는 여기 광원을 색소 레이저 등으로 변경한다. 또한 캐리어 생성층으로부터 측정 시료에 캐리어 주입에 있어서 장벽이 없는지를 확인할 필요가 있다.

전계에 의해 분리된 한쪽 전하는 부근의 전극에서 바로 사라지지만 다른 한쪽 전하는 시트(sheet) 형태로 그대로 대향하는 전극으로 이동한다. 캐리어가 전극으로 이동하는 동안은 회로에 일정한 변위 전류가 흘러서 전극에 도달하며 동시에 전류값은 감소한다. 이 변위 전류에 저항 R를 곱하여 전압으로 변환하고 증폭하여 시간 변화를 기록한다.

캐리어가 시료를 지나가는 시간(주행 시간 τ_{TR})을 측정하여 캐리어의 주행 거리인 박막 두께 d를 주행 시간과 전계 강도 F로 나누는 방법으로 캐리어 이동 속도를 구한다.

$$\mu_{TOF} = \frac{d}{\tau_{TR} F} \tag{3.8}$$

이때에 발생하는 전하량 Q_{ph}는 시료의 정전 용량 C와 인가 전압 V로부터의 전하량 $Q = CV$에 비해서 충분히 작지 않으면 정확한 측정이 어렵게 된다. 빛으로 발생한 전하량이 너무 많으면 시료 내부에 공간 전하가 형성되어 주행하는 캐리어가 받는 전계가 크게 된다. 이 때문에 외관상 이동도가 크게 나타난다. 따라서 광 펄스의 강도를 바꾸어서 측정하여, 얻어진 이동도가 변화하지 않는 영역을 선택할 필요가 있다.

TOF법에 의한 캐리어 이동도 측정은 시료 내의 트랩 밀도와 트랩 준위의 깊이에 크게 영향을 받는다. 시트 형태로 생성된 캐리어가 일정 전계하에서 드리프트할 경우 트랩이 존재하지 않으면 캐리어는 형상을 유지하며 대향 전극으로 이동할 수 있다. 이 경우는 측정된 과도 광전류는 그림 3.10 (a)에서와 같은 파형을 나타낸다.

이와 같은 파형은 비분산형 파동으로 불리고 있다. 비분산형 파형으로부터 주행 시간 τ_{TR}을 구할 경우에는 과도 광전류값이 감쇠하여 반으로 되는 시간 $\tau_{1/2}$를 적용한다. 이와 같이 하여 구한

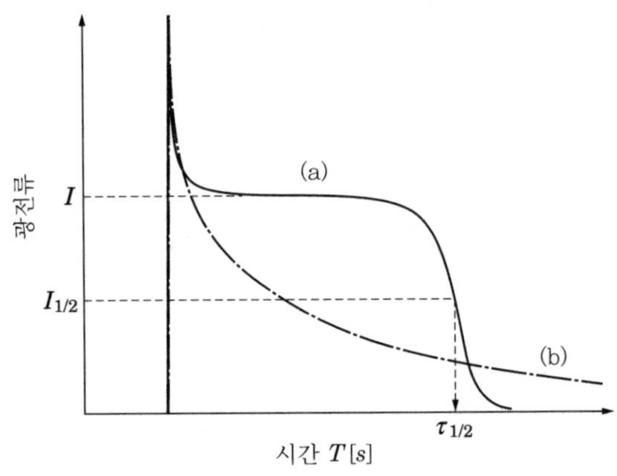

그림 3.10 과도 광전류 파형
(a) 비분산형   (b) 분산형

주행 시간은 캐리어의 중심 위치가 대향한 전극에 도달하는 시간을 의미한다.

한편 트랩이 존재하는 경우에는 시트 형태이었던 캐리어가 퍼져서 주행 시간에 분포가 발생하며 과도 광전류의 파형은 그림 3.10 (b)에서와 같이 분산형이 된다. 분산형 파형에서는 과도 광전류에 명확한 굴곡점이 나타나지 않기 때문에 $\log(I_{ph})$와 $\log(t)$의 대수 그래프를 만들어 강조한 파형으로 굴곡점을 찾게 된다. 이 경우는 넓은 범위의 캐리어 중에서 가장 빠른 캐리어가 전극에 도달하는 시간을 나타내는 것이 된다.

TOF법이 유리한 것은 측정된 전류값이 전극으로부터의 캐리어 주입 등의 영향을 받지 않고 시료 내부에 캐리어를 발생시킬 수 있다는 점이다.

⑤ ▶▶▶ 이동도가 소자의 I-V 특성에 미치는 영향

유기 EL 소자에 사용되는 재료의 이동도를 TOF법으로 측정하여 서로 비교하면 발광 현상에 대한 직감적인 이해에 도움이 된다. 예를 들어 유기 EL 소자의 기본 구조인 ITO/TPD/Alq$_3$/MgAg 소자에 대해 알아보기로 한다.

그림 3.11에 이 소자의 에너지 밴드 도표를 각 층의 이동도와 함께 표시하고 있다. TOF법으로 측정한 TPD의 정공 이동도[15]는 0.4MV/cm의 전계에서 10^{-3} cm^2/(V·s)의 크기를 나타낸다. 또한 TPD 내에는 정공 트랩이 거의 없는 사실을 과도 과전류 파형의 해석으로부터 알 수 있다. 더욱이 TPD의 전자 이동에 기초한 과도 광전류는 아직까지 보고되지 않고 있다. 이에 대해 전자 수송성 발광 재료인 Alq$_3$의 전자 이동도[4],[16]는 10^{-5} cm^2/(V·s) 정도가 되며 TPD의 이동도에 비

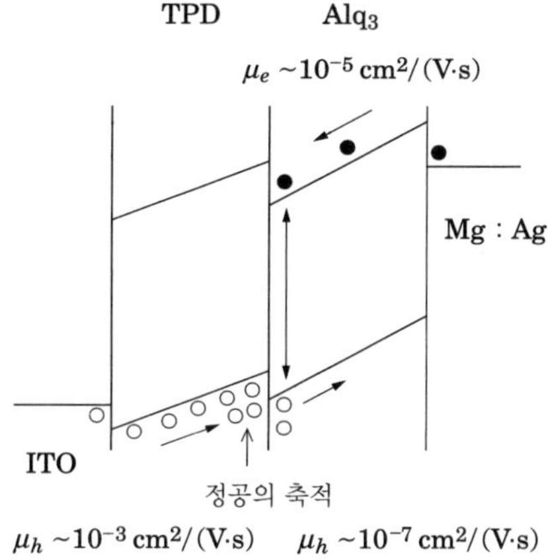

그림 3.11 ITO/TPD/Alq3/MgAg 소자의 에너지 밴드 도표 및 각 층의 이동도

해 100배 정도 작다. Alq_3의 전자 이동에 관한 과도 전류 파형은 분산형 파형을 나타내어 전자에 대해 트랩이 많이 존재하는 것을 시사하고 있다. 또한 Alq_3는 정공 이동도도 관측되어 10^{-7} $cm^2/(V{\cdot}s)$의 값을 보이고 있다.

이 소자에 전압을 인가하면 상대적으로 주입 장벽이 낮은 ITO/TPD 계면에서 정공 주입이 일어나고 TPD 내에서 Alq_3의 계면으로 이동한다. 인가 전압을 더욱 크게 하여 Mg : Ag/Alq_3 계면으로부터 전자 주입이 일어나는 전압에 이르면 전자는 Alq_3 내를 이동하기 시작한다.

이 시점에서 TPD 내에는 이미 다량의 정공이 주입되어 있으며 TPD/Alq_3 계면에 도달하여 축적하고 있을 것으로 생각된다. 따라서 실효적인 전압 강하는 주입 장벽이 큰 음극/Alq_3 계면에서 또는 상대적으로 이동도가 작은 Alq_3 내에서 일어나는 것으로 생각된다. 실제 그림 3.12에 보

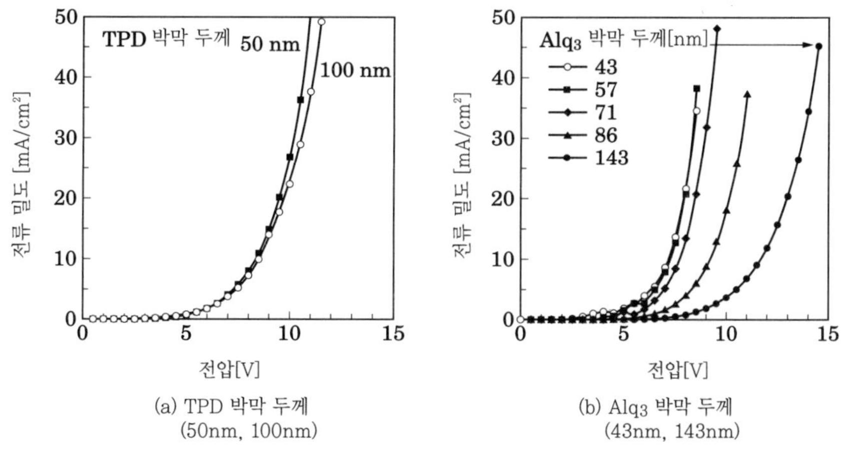

그림 3.12 ITO/TPD/Alq3/MgAg 소자의 전류-전압 특성

여 주듯이 TPD의 박막 두께를 증가시킨 소자에서는 $I-V$ 특성에는 큰 변화를 발견할 수 없지만 Alq$_3$의 박막 두께를 변화시킬 경우 $I-V$ 특성은 크게 변화한다. TOF법으로 구한 이동도는 동작 중의 소자 내에서 캐리어의 이동도와 일치하지 않을 가능성이 크며 정량적인 이론을 제시할 경우 주의가 필요하다.

그 이유는 주입된 캐리어 밀도와 트랩 밀도의 상관관계가 TOF 측정에 사용한 시료와 실제 소자가 다를 수 있기 때문이다. 즉 실제 소자에서는 주입된 캐리어 수가 트랩 수를 상회하는 상황이 될 수도 있다. 이 경우 거의 모든 트랩이 캐리아에 의해 채워져 버리고 실제 트랩의 영향이 없는 캐리어 이동이 실현된다.

3-3 공간 전하 제한 전류[17]

수백 kV/cm 이상의 전계를 인가하면 전극으로부터 많은 캐리어가 주입되기 시작하기 때문에 큰 전류가 측정된다. 앞에서 설명한 바와 같이 전극으로부터 유기 박막 내에 캐리어가 주입되는 현상은 쇼트키 열방사 또는 터널 주입 기구에 의해 발생한다. 어떤 경우에도 전류값은 캐리어의 주입 장벽 크기에 의존한다. 그러나 캐리어 주입 장벽이 없는 옴성 접합(Ohmic Contact)에서도 전류 밀도는 단순히 전압에 비례하지 않는다. 이것은 흐르는 전류값이 유기 박막 내에서 형성된 공간 전하에 의해 지배되기 때문이다.

공간 전하의 형성 과정을 전자 주입 단독으로 발생하는 경우를 예로 들어 간략히 설명한다. 한쪽의 전극에서 주입된 캐리어가 반대편 전극으로 이동하여 전류가 흐르며 이때 캐리어는 유기 박막 내를 국소적으로 분극시키면서 이동한다.

전극으로부터 계속 캐리어가 되면 분극이 완화하기 전에 다음 캐리어가 주입되어 전극 부근에는 항상 분극 상태가 형성된다. 이와 같이 형성된 분극층을 공간 전하층이라 부르며 이들 공간전하층의 형성에 의해 전류값이 결정되므로 공간 전하 제한 전류(SCLC)라 부르고 있다.[18] SCLC는 처음 캐리어 밀도가 낮은 무기 반도체(CdS)에서 자세히 검토되었으며 그 후 유기 박막에 적용되었다.

유기 반도체 내에 트랩이 없는 경우 SCLC는 다음 식과 같이 주어진다.

$$J = \frac{9}{8}\,\varepsilon\varepsilon_0\,\mu_{eff}\,\frac{V^2}{L^3} \qquad\qquad (3.9)$$

식에서 μ_{eff}는 캐리어 이동도, ε_0는 진공의 유전율, ε은 유기 박막의 유전율, V는 인가 전압, L은 박막 두께를 나타낸다. 식 (3.9)에서 알 수 있듯이 SCLC로 전류 밀도를 결정하는 재료 물성값은 유기물의 유전율과 이동도이다. 또한 전류값은 전압의 제곱에 비례하며 박막 두께의 3제곱에 반비례함을 알 수 있다.

여기서 주의할 점은 식 (3.9)는 전극으로부터 유기 박막 내에 캐리어 주입 장벽이 없는 옴성 접합인 사실로서 이동도 μ_{eff}는 인가 전압에 의존하지 않고 일정값을 가진다고 가정하고 있다. 캐리어 주입 장벽이 존재하는 경우에는 주입 효율에 의해 SCLC에서 얻어지는 최대 전류값이 제한

된다. 동시에 이동도에 전계 의존성이 있으면 그에 따라 SCLC로 얻어지는 전류값도 변화한다.

실제로 유기 반도체 내에 많은 트랩이 존재하며 캐리어 이동에 큰 영향을 미친다. 주입된 전자는 트랩에 갇혀서 전류값은 감소하게 된다. 이 경우 흐르는 전류값은 식 (3.9)에 θ를 곱한 값이 된다.

$$\theta = \frac{n_e}{n_t} = \frac{N_c}{N_t} \exp\left(\frac{E_t - E_c}{k_B T}\right) \tag{3.10}$$

여기서 n_e는 트랩되지 않은 전자 밀도, n_t는 트랩된 전자 밀도, N_c는 전도대(또는 호핑 준위) 하단의 유효 상태 밀도, N_t는 트랩 에너지 준위 E_t에 존재하는 트랩 밀도, E_c는 전도대 하단의 에너지, k_B는 볼츠만 상수이다. 이러한 유기 반도체의 에너지 밴드 구조를 그림 3.13에 나타내었다. 여기서 E_t는 E_c보다 아래에 존재하고 페르미 준위 F_0보다는 훨씬 위쪽에 위치하며 이와 같은 트랩 준위에 존재하는 트랩을 얕은 트랩(Shallow Trap)이라 부르고 있다. 얕은 트랩에 포획된 전자는 일정 확률로 트랩으로부터 열적으로 재방출되는 경우가 있다. 이에 비해서 깊은 트랩(Deep Trap) 준위에 포획된 전자는 열적으로 다시 여기되기 어렵고 오랫동안 포획된 상태로 있게 된다.

얕은 트랩이 존재할 때 SCLC에 의한 전류-전압 특성은 그림 3.14의 실선으로 표시한 곡선을 가리킨다. 즉, 저전압에서는 미량으로 존재하는 내부 캐리어가 전계 구배(전압차)에 의해 이동하므로 전압에 비례하는 전류가 흐른다. 그리고 임계 전압 V_{th}는 전극으로부터 캐리어 주입이

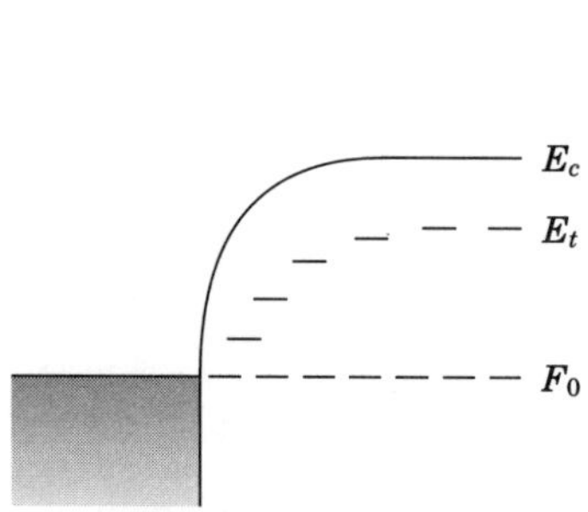

그림 3.13 얕은 트랩 준위가 존재하는
유기 반도체의 에너지 밴드 도표

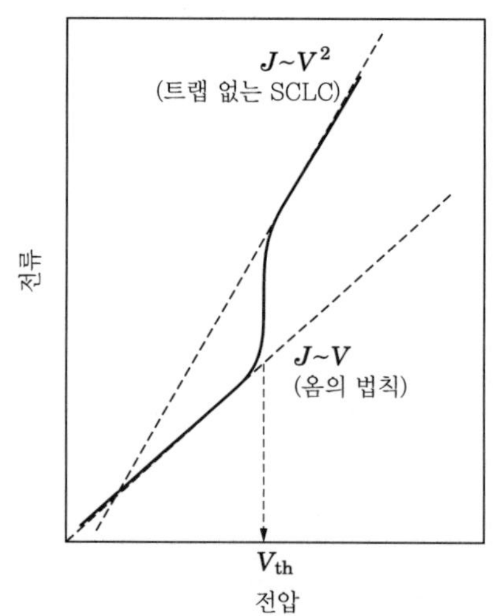

그림 3.14 정상 공간 전하 제한 전도에 있어서
전류-전압 특성

내부 캐리어를 초과할 경우 거의 수직하게 전류값이 증가한 후 전압의 제곱에 비례하는 전류가 흐르게 된다. 전류의 급격한 증가는 주입된 전자에 의해 얕은 트랩이 채워지는 상황을 반영한 것으로 볼 수 있다. 모든 트랩이 채워지면 다음에 주입된 전자는 실제 트랩이 없는 상태와 같은 상황이 되기 때문에 트랩이 없는 SCLC의 관계식($J{\sim}V^2$)으로 표현될 수 있다.

예를 들어 TPD/Alq$_3$를 유기층으로 사용한 소자의 전류-전압 특성에 대해 SCLC 이론을 적용하여 해석을 수행하였다. 그 결과 ALq$_3$ 내의 전자 전도는 트랩이 존재하는 상황에서 공간 전하 제한 전류(TCLC : Trapped Charge Limited Current)이며, $J \propto V^9$의 관계를 나타낸다. 트랩 준위는 전자 전도 준위로부터 약 0.15eV 정도 아래쪽에 위치하고 많은 수가 존재한다. 이 때문에 주입한 전자에 의해서는 트랩 준위는 완전히 채워지지 않는다고 보고된 바 있다.[19]

최근 10^{-8}Pa의 초진공 중에서 제작한 Alq$_3$ 박막의 전류-전압 특성을 그대로 진공 상태에서 측정하였다. 초고진공 중에서는 트랩이 없는 SCLC 전류가 측정된 사실로부터 Alq$_3$ 내의 트랩은 증착 중에 혼입된 산소나 수분에 의한 결과로 보고되기도 하였다.[20]

참고 문헌

(1) M.Pope and C.E.Swenberg : Electronic Processes in Organic Crystals, Oxford University Press, New York (1982)

(2) S.Tokito, T.Tsutsui and S.Saito : Polym.Commun.,27,p.333 (1986)

(3) K.C.Kao and W.Hwang : Electrical Transport in Solids, Pergamon Press, London (1982)

(4) B.J.Chen, W.Y.Lai, Z.Q.Gao, C.S.Lee, S.T.Lee and W.A.Gambling : Appl. Phys. Lett., 75, p.4010 (1999)

(5) B.G.Streetman and S.Banerjee : Solid State Electronic Devices, Prentice Hall (2000)

(6) P.E.Burrows, Z.Shen, V.Bulovic, D.M.McCarty, S.R.Forrest, J.A.Cronin and M.E.Thompson : J. Appl. Phys., 79, p.7991 (1996)

(7) I.D.Parker : J. Appl. Phys., 75, p.1656 (1994)

(8) S.Tokito, K.Noda and Y.Taga : J.Phys.D : Appl. Phys., 29, p.2750 (1996)

(9) J.Kido and T.Matsumoto : Appl. Phys. Lett.,73, p.2866 (1998)

(10) T.Oyamada, C.Maeda, H.Sasabe and C.Adachi : Jpn.J.Appl.Phys.,42,p.L1535 (2003)

(11) R.M.Munn and W.Siebrand : J.Chem.Phys.,52,p.6391 (1970)

(12) R.A.Marcus : J.Chem.Phys.,43,p.2654 (1965)

(13) K.Sakanoue, M.Motoda, M.Sugimoto and S.Sakaki : J.Phys.Chem.A,103, p.5551 (1999)

(14) J.Frenkel : Phys.Rev.,54,p.647 (1938)

(15) M.Stolka, J.F.Yanus and D.M.Pai : J.Phys.Chem.,88, p.4707 (1984)

(16) R.G.Kepler, P.M.Beeson, S.J.Jacobs, R.A.Anderson, M.B.Sinclair, V.S.Valensia and P.A.Chahill : Appl.Phys.Lett.,66,p.3618 (1995)

(17) M.A.Lampert : Repot.Prog.Phys.,27,p.329 (1964)

(18) 大木義路 編著, 秋月影雄, 高橋進一 共著 : 誘電體物性, 培風館 (2002)

(19) P.E.Burrows, Z.Shen, V.Bulovic, D.M.McCarty, S.R.Forrest, J.A.Cronin and M.E.Thompson : J.Appl.Phys.,79,p7991 (1996)

(20) M.Kiy, P.Losio, I.Biaggio, M.Koehler, A.Tapponnier and P.G?nter : Appl. Phys. Lett., 80, p.1198 (2002)

유기 EL 디스플레이

도핑에 의한 고성능화

본 장에서는 유기 EL 소자에 도핑한 발광층을 도입함으로써 소자의 고성능화를 가져오는 사실에 대해 설명한다. 특히 에너지 이동 기구를 이용한 소자의 설계에 대해 기본적인 이론에서부터 실제 응용에 대해 소개한다. 형광 색소를 도핑함으로써 소자의 수명이 비약적으로 향상되는 것으로 알려져 있다. 이 경우 단순한 에너지 이동만으로 해석하는 것이 어려울 때가 있다. 이러한 사실은 게스트 분자가 모체(host) 내에서 캐리어의 트랩으로 작용함으로써 캐리어의 재결합 중심이 되어 직접 게스트 분자에서 여기자를 만들어 내기 때문이다. 발광 기구 면에서 게스트 분자의 도핑은 발광층의 형광 양자 수율뿐만 아니라 캐리어 재결합의 확률도 크게 기여하고 있다.

본 장에서는 우선 여기 에너지 이동에 대한 이론을 설명하고 실제로 몇몇 모체–게스트계열 유기 증착막에 있어서 절대 형광 양자 수율의 측정 결과를 소개한다. 마지막으로 캐리어 트랩 기구에 기초한 내구성의 향상에 대해 설명한다.

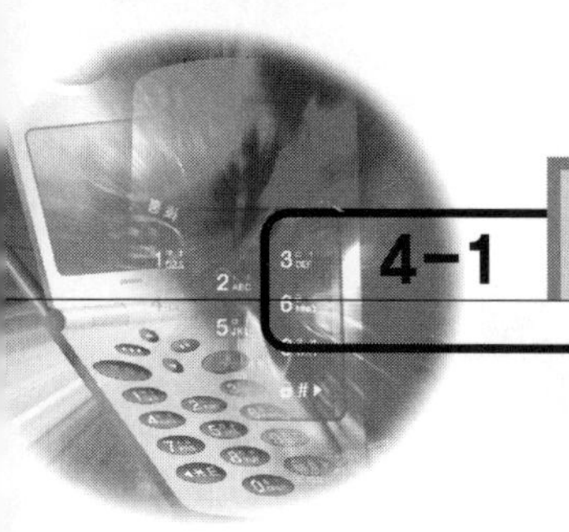

저분자 증착막이나 고분자 증착막으로 된 고체 상태의 모체(host) 내에 형광 색소를 소량 (0.1~ 수 mol%) 도핑하면 호스트 형광이 완전히 소멸하고 대신 도핑한 색소의 형광 스펙트럼과 일치하는 강한 발광이 관측된다. 이것은 호스트 분자의 여기 에너지가 게스트(guest) 분자로 이동하여 형광 양자 수율이 높은 게스트로부터 발광이 일어나기 때문이다.

이때 여기 상태에 있는 모체 분자로부터 기저 상태에 있는 게스트 분자로 에너지 이동의 용이성은 에너지를 전달하는 모체 분자(H*)와 에너지를 받는 게스트 분자(G) 사이에서 발생하는 에너지 이동의 속도 정수에 의해 결정된다. 에너지를 주고받을 경우 에너지를 주는 분자를 도너 (donor), 받아들이는 분자를 억셉터(acceptor)라 부른다. 본 장에서는 혼란을 피하기 위해 모체 와 게스트로 용어를 통일한다.

유기 EL 소자의 발광층에는 도핑한 색소가 게스트이고, 그 주위에 매트릭스(matrix)로서 존재하는 분자 중에 여기 상태에 있는 분자가 에너지를 주는 모체 분자가 된다.

예를 들어, 여기 상태의 분자 H*에서 기저 상태의 분자 G로 여기 에너지가 이동하는 다음과 같은 반응을 생각해 보자.

$$H^* + G \xrightarrow{k_{H^* \to G}} H + G^* \tag{4.1}$$

여기서, $k_{H^* \to G}$는 에너지 이동의 속도 정수이다. 이 반응은 모체 분자와 게스트 분자의 여기 상태의 조합에 의해 다음 네 종류의 과정을 생각할 수 있다.

$$\text{I.} \quad S_{H^*} + S_G \longrightarrow S_H + S_{G^*} \quad \text{(일중항–일중항)} \tag{4.2}$$

$$\text{II.} \quad T_{H^*} + S_G \longrightarrow S_H + T_{G^*} \quad \text{(삼중항–삼중항)} \tag{4.3}$$

$$\text{III.} \quad T_{H^*} + S_G \longrightarrow S_H + S_{G^*} \quad \text{(삼중항–일중항)} \tag{4.4}$$

$$\text{IV.} \quad S_{H^*} + S_G \longrightarrow S_H + T_{G^*} \quad \text{(일중항–삼중항)} \tag{4.5}$$

여기서, S, T는 각각 일중항, 삼중항 상태를 나타내며 첨자 H, G는 모체 분자, 게스트 분자를, 또한 *표시는 여기 상태를 나타내고 있다. 여기 에너지 이동 기구에는 쌍극자–쌍극자 상호 작용에 의한 기구(페르스터 기구)와 전자 교환 상호 작용에 기초한 기구(덱스터 기구)가 알려져 있다.

　쌍극자-쌍극자 상호 작용은 모체의 여기 상태에서 기저 상태로의 천이 쌍극자와 게스트의 기저 상태에서 천이 상태로의 천이 쌍극자가 공명하여 에너지 이동이 일어난다. 따라서 이들 천이가 모두 허용 천이가 되는 것이 효율적인 에너지 이동을 위해 매우 중요하다.

　앞에 나타낸 과정 I의 일중항-일중항 에너지 이동의 경우는 모체의 천이와 게스트의 천이 모두 허용되므로 에너지 이동 효율이 매우 양호하다. 이와는 반대로 모체와 게스트의 천이가 모두 금지되는 과정 Ⅱ는 쌍극자-쌍극자 상호 작용에 의한 에너지 이동은 원칙적으로 일어나지 않는다. 그러면 한쪽의 천이가 금지되는 과정 Ⅲ과 IV의 경우는 어떻게 될 것인가?

　원래 금지 상태인 삼중항 여기 상태와 기저 상태의 천이가 외부로부터 자극을 받아서 삼중항 상태로부터 방사 천이(인광)가 일어나거나 삼중항 여기 상태로 흡수가 일어나는 경우에는 이들 에너지의 이동 과정 역시 가능하게 된다.

　이에 대해서 전자 교환 상호 작용에 의한 여기 에너지의 이동에는 여기 상태의 모체 분자와 기저 상태의 게스트 분자 사이에 전자의 이동이 일어남으로써 여기 에너지가 이동한다. 전자의 이동이 필요하기 때문에 분자 간 파동 함수의 중첩이 커야 한다.

　이 때문에 분자 간의 거리가 매우 접근되어 있어야 한다. 이와 같은 전자 교환을 수반하는 경우의 에너지 이동은 에너지 이동 전후로 스핀(spin)이 일치하여야 한다(Wingner-Witmer의 스핀 보존 원칙). 예를 들어 과정 I에서는 에너지 이동 전후에서 스핀 수의 합계는 0으로 변화가 없다. 따라서 과정 I은 전자 교환 상호 작용이 허용된다.

　이 과정은 쌍극자-쌍극자 상호 작용 기구와 함께 이중으로 허용되므로 매우 양호한 효율로 에너지 이동이 일어난다. 한편 과정 Ⅱ에서는 에너지 이동 전후의 모든 스핀 수는 1로 변화가 없기 때문에 전자 교환 상호 작용은 완전히 허용된다.

　이에 대해서 과정 Ⅲ과 IV는 스핀 수에 변화가 외부로부터 자극을 받아서 선택 원칙(selection rule)이 깨어져서 에너지의 이동이 가능하게 되는 경우가 있다. 예를 들어 게스트 분자가 중원자(重原子)를 포함한 경우는 스핀 궤도 상호 작용에 의해 스핀 선택 원칙이 무너져서 과정 IV는 전자 교환 상호 작용에 의해 관측된다.

여기 에너지 이동 속도

① ▶▶ 쌍극자 – 쌍극자 상호 작용(페르스터 기구)

여기 상태의 분자 H*와 기저 상태의 분자 G 사이에 여기 에너지 이동이 쌍극자–쌍극자 상호 작용에 의해 발생하는 경우를 그림 4.1에서 보여 준다. 이때의 속도 정수는 페르스터(Förster)에 의해 서식화되어 다음과 같이 표현된다.[2]

$$k_{H^* \to G} = \frac{9000 K^2 \ln 10}{128 \pi^5 n^4 N \tau_0 R^6} \int \frac{f_H{}'(\nu)\, \varepsilon_G(\nu)\, d\upsilon}{\nu^4} \tag{4.6}$$

여기서 ν는 진동수, $f_H{}'(\nu)$는 모체(host) 분자의 발광 스펙트럼으로 규격화되어 있다. $\varepsilon_G(\nu)$는 게스트(guest) 분자의 흡수 스펙트럼으로 단위는 몰 흡광 계수, N은 아보가드로(Avogadro)수, n은 매체의 굴절률, τ_0는 모체 분자의 자연 방사 수명, R은 모체–게스트 분자 간 거리를 나타낸다. K^2은 모체의 천이 쌍극자 모멘트–게스트의 천이 쌍극자 모멘트의 배향을 나타내는 계수로서 0~4 사이의 값을 갖는다. 무질서(random) 배향의 경우 $K^2 = 2/3$이다.

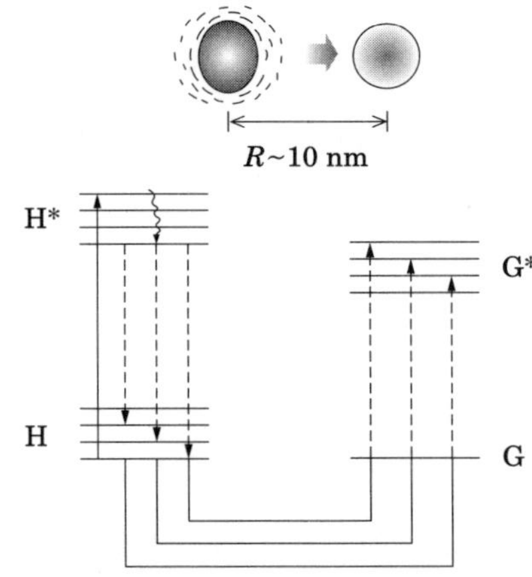

그림 4.1 쌍극자–쌍극자 상호 작용에 의한 여기 에너지의 이동

식 (4.6)으로부터 알 수 있듯이 큰 속도 정수를 얻기 위해서는 다음의 조건을 만족하는 것이 바람직하다.

① 모체 발광 스펙트럼과 게스트 분자의 흡수 스펙트럼의 중첩이 클 것.
② 게스트 분자의 흡광 계수가 클 것
③ 모체-게스트 분자 사이의 거리가 짧을 것.

모체 분자의 자연 방사 수명 τ_0를 직접 구하는 것은 쉽지 않기 때문에 형광 수명의 측정으로부터 실측된 여기 상태의 수명 τ 및 형광 양자 효율 ϕ_{FL}을 이용하여 τ_0를 나타낼 수 있으며($\tau_0 = \tau/\phi_{FL}$), 식 (4.6)은 다음과 같이 다시 쓸 수 있다.

$$k_{H^* \to G} = \frac{9000 K^2 \ln 10\, \phi_{FL}}{128\, \pi^5 n^4 N \tau_0 R^6} \int \frac{f_H{}'(\nu)\, \varepsilon_G(\nu)\, d\upsilon}{\nu^4} \tag{4.7}$$

$$= \left(\frac{1}{\tau}\right)\left(\frac{R_0}{R}\right) \tag{4.8}$$

$$여기서,\ R_6^0 = \frac{9000 K^2 \ln 10\, \phi_{FL}}{128\, \pi^5 n^4 N \tau_0 R^6} \int \frac{f_H{}'(\nu)\, \varepsilon_G(\nu)\, d\upsilon}{\nu^4} \tag{4.9}$$

식 (4.8)에서 $R=R_0$의 경우 $k_{H^* \to G} = 1/\tau$이 되고, 모체 분자의 여기 에너지가 게스트 분자로 이동하는 속도와 모체 분자에서 활성 저하 속도가 같게 된다. 다시 말해 R이 R_0보다도 짧을 때 에너지 이동이 우선적으로 일어나며 속도 정수는 R_0와 R의 비의 6승에 비례하여 변화한다. 이 R_0를 페르스터 반경이라 부른다. 이 값이 크면 클수록 쌍극자-쌍극자 상호 작용에 의한 에너지 이동은 먼 거리까지 미치게 된다.

② ▶▶▶ 전자 교환 상호 작용(덱스터 기구)

전자 교환 상호 작용에 의한 여기 에너지의 이동 과정을 그림 4.2에서 보여 주고 있다. 여기서는 삼중항-삼중항 에너지 이동의 경우를 나타내고 있다. 전자 교환 상호 작용을 매개로 한 에너지 이동의 속도 정수는 덱스터(Dexter)에 의해 수식화되어 다음과 같이 표현된다.[8]

$$k_{H^* \to G} = \left(\frac{2\pi}{h}\right) K^2 \exp\left(-\frac{2R}{L}\right) \int f_H{}'(\nu)\varepsilon_G{}'(\nu) d\nu \tag{4.10}$$

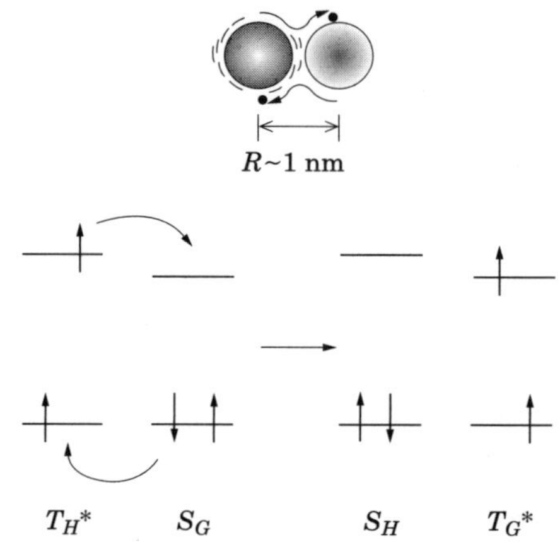

그림 4.2 전자 교환 상호 작용에 의한 여기 에너지의 이동

여기서 K는 에너지 차원을 갖는 정수, R은 분자 간 거리, L은 실효 분자 반경이다. 또한 발광 스펙트럼과 흡수 스펙트럼은 모두 규격화되어 있다. 따라서 쌍극자–쌍극자 상호 작용의 경우와 달리 속도 정수는 게스트의 흡수 계수와 무관하다. 다만 이 경우에도 발광 스펙트럼과 흡수 스펙트럼의 중첩이 큰 경우가 에너지 이동은 크다.

또한 모체–게스트 분자 간 거리에 대해 지수 함수적으로 감소한다. 따라서 단거리 여기 이동은 유효하게 작용하지만 장거리 여기 이동의 경우는 역할이 작다.

지금까지 이론적인 배경을 기초로 효율적인 에너지 이동에 필요한 재료 설계 방법에 대해 설명하였다. 페르스터 기구와 덱스터 기구 모두 공통적으로 중요한 조건은 에너지 도너인 모체 재료의 발광 스펙트럼과 억셉터인 형광 색소의 흡수 스펙트럼의 중첩이 커야만 한다는 것이다. 페르스터 기구에서는 게스트 분자의 흡수 계수가 큰 것이 중요하지만 덱스터 기구에서는 흡수가 일어날 경우 흡수 계수의 크고 작음은 문제가 되지 않는다. 모체 분자와 게스트 분자의 분자 간 거리가 짧아야 함은 양쪽 모두 중요한 요소이다.

분자 간 거리가 짧게 하기 위해서는 고농도로 게스트 분자를 첨가하면 가능하지만 너무 많이 첨가할 경우에는 게스트 분자 간의 상호 작용이 강하게 나타나 형광 양자 수율이 저하하는 현상 (농도 소광)이 발생하므로 주의가 필요하다.

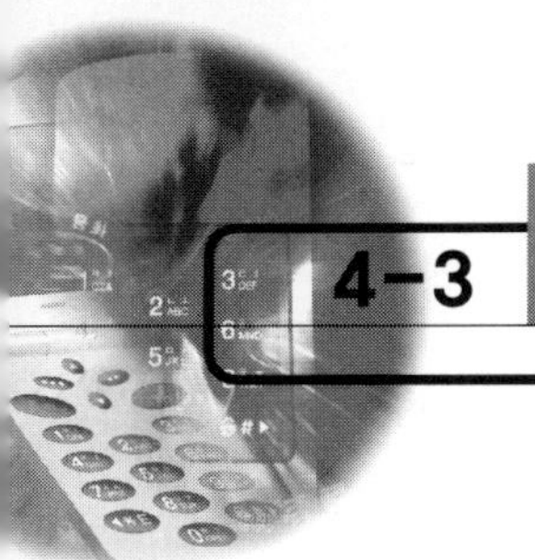

　　형광 양자 수율을 구하는 가장 간단한 방법은 이미 형광 양자 수율을 알고 있는 시료를 참조 표준 시료로 하여 상대 평가를 하는 것이다. 표준 시료로부터의 형광 강도와 측정 시료의 형광 강도를 여기 파장에서의 흡광도로 각각 보정하여 상호 비교함으로써 시료의 형광 양자 수율을 알 수 있게 된다. 이 방법은 측정 자체는 간편하지만 표준 시료의 선택과 제작이 측정 정밀도를 결정하는 큰 요소가 된다. 특히 유기 EL 소자의 발광층과 같이 고체 박막 시료의 형광 양자 수율의 측정에 적합한 물질은 그다지 많이 알려져 있지 않다. 이에 비해, 여기 광의 광 파워 측정에 의한 입사 광자 수와 시료의 형광 강도 측정으로부터 구한 출력 광자 수의 비율을 구하여 형광 양자 수율의 절대값을 구하는 방법이 있다.

　　이 측청에는 외부 표준 시료는 필요 없다. 그러나 절대값 측정에 있어서 검출기의 파장 의존성을 포함한 감도 교정 및 시료와 검출기 사이의 광학 배치의 타당성 등 측정계 전체 교정을 엄격하게 실시하여야 한다. 광원과 검출기의 광학 배치에 따른 오차를 보상하기 위해 적분구(積分球)를 사용한다. 형광 양자 수율을 구하는 방법은 적분구의 사용 이외에도 몇 가지 방법들이 알려져 있다.[5]

　　그림 4.3 (a)에 모체로 사용한 여러 키놀린 금속 착체(錯體)의 형광 스펙트럼과 게스트의 키나크리돈 유도체(DEQ)의 흡수 스펙트럼을 보여 준다. 키놀린 착체는 중심 금속과 치환기에 의해 형광 스펙트럼의 피크가 약간 다르게 나타난다.

　　그림에서 알 수 있듯이 모든 모체-게스트의 조합에서 스펙트럼이 서로 겹쳐지는 것이 바람직하며 이는 양호한 효율을 갖는 에너지 이동이 기대된다. 그림 4.3 (b)에서는 DEQ를 도핑함으로써 모체인 키놀린 착체에서의 발광이 완전히 사라지게 되며 DEQ에 기인한 발광 스펙트럼이 나타난다.

　　적분구를 사용하여 측정한 이들 박막의 절대 형광 양자 수율을 표 4.1에서 보여 주고 있다. 키놀린 금속 착체 자신의 형광 양자 수율은 0.14~0.42인 데 비해서 DEQ 도핑 후는 0.63~0.75로 크게 향상됨을 알 수 있다. 클로로포름을 용매로 사용한 DEQ의 희석 용액의 형광 양자 수율은 0.75[6]이므로 모체-게스트 계열 복합막에서는 용액에서와 동일한 수준의 형광 양자 수율이 실현되고 있다.

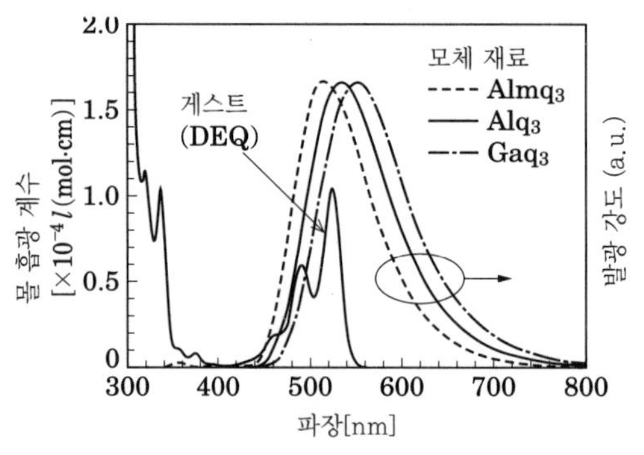

(a) 키놀린 착체(모체)의 발광과
DEQ(게스트)의 흡수 스펙트럼의 중첩

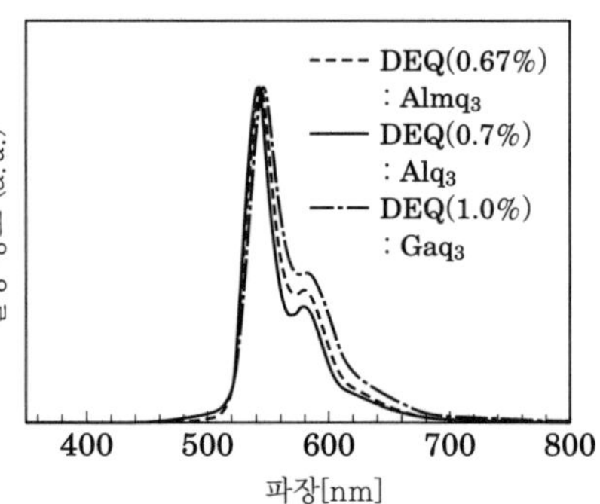

(b) DEQ를 도핑한 키놀린 착체의
증착막으로부터의 발광

그림 4.3

표 4.1 모체 증착막과 도핑막의 형광 양자 수율

모체(host) 증착막			도핑한 박막			
모체 재료	발광 피크 [nm]	형광 양자 수율	DEQ 농도 [mol%]	형광 양자 수율	루블렌 농도 [mol%]	형광 양자 수율
Gaq₃	530	0.14	0.8	0.63	1.0	1.0
Alq₃	530	0.25	0.85	0.75	1.0	1.0
Almq₃	510	0.42	0.65	0.72	1.0	1.0
NPB	445	0.42	–	–	2.0	0.98
TPDS	410	0.03	–	–	3.0	1.0
TPD	400	0.35	–	–	5.0	1.0

그림 4.4 (a)는 게스트 물질로 루블렌을 사용하고 모체 재료로는 키놀린 금속 착체 및 방향족 아민을 사용한 경우이다. 모체 재료 외의 조합이 변화하면 스펙트럼의 중첩도 크게 변화한다. 가장 큰 중첩은 Almq₃를 사용한 시료에서 얻어졌으며 TPD를 사용할 때 중첩 정도가 작다. 이들 모체에 루블렌을 도핑하면 모든 시료에서 모체로부터 발광은 완전히 사라지고 루블렌으로부터의 발광만이 나타난다.

표 4.1에 보여 주듯이 루블렌을 도핑한 시료의 형광 양자 수율은 거의 모든 시료에서 1.0이 얻어졌다. 여기서 흥미로운 점은 모체의 형광 양자 수율이 0.03에서 0.42로 10배 이상 변화함에도 불구하고 루블렌 도핑 후의 형광 양자 수율은 모체의 형광 양자 수율에 영향을 미치지 않는 사실이다. 다른 모체 재료를 사용할 경우에는 형광 양자 수율의 최대값을 가지도록 게스트 농도에 반영하게 된다.

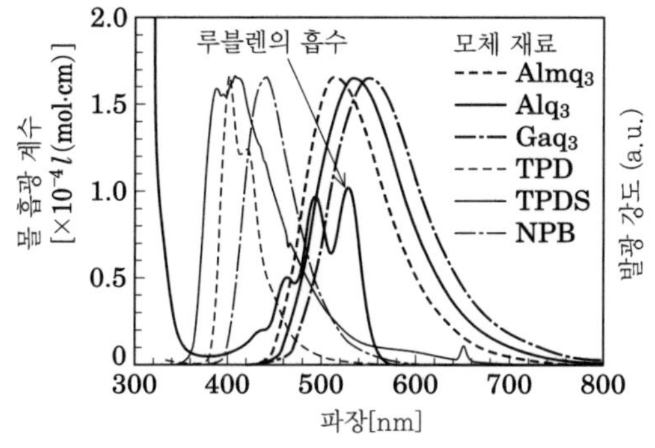

(a) 각종 모체 재료의 발광과 루블렌의
    흡수 스펙트럼의 중첩

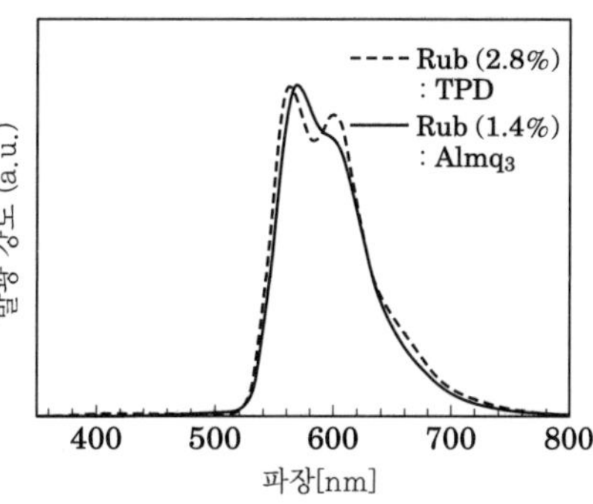

(b) 루블렌을 도핑한 증착막의 발광

그림 4.4

　예를 들어 루블렌과 스펙트럼의 중첩이 큰 키놀린 금속 착체의 경우는 루블렌 농도가 1 mol% 부근에서 형광 양자 수율이 1.0에 도달하는 데 비해 중첩이 작은 모체의 경우는 루블렌 농도를 최대 5배로 증가해야만 동일한 형광 양자 수율을 얻을 수 있다. 이 결과는 스펙트럼의 중첩이 작은 재료 계열에서는 에너지 이동을 양호하게 하기 위해 농도를 높여서 분자 간 거리 R을 짧게 할 필요가 있음을 제시한다.

4-4 에너지 이동을 이용한 유기 EL 소자의 고성능화

모체-게스트 계열 복합막을 소자의 발광층으로 사용하면 외부 양자 효율을 향상시키고 소자의 발광 파장을 제어할 수 있다. 이 방법은 이미 안트라센 단결정 박막을 이용한 EL 실험[7]에 이미 사용되었다. 그 후 코닥사의 Tang에 의해 박막 유기 EL 소자에 응용된 이래로[8] 지금까지 소자의 발광 효율의 향상에 필요한 중요한 기술로 인식되고 있다.

도핑한 발광층을 사용한 소자의 발광 기구에 대해서는 코닥사의 보고에서 모체에서 캐리어 재결합에 의해 생성된 모체 분자의 여기자가 음극으로 향해 확산하는 과정에서 게스트의 형광 색소로 에너지가 이동하는 기구를 제안하였다.

이 발광 기구를 그림 4.5에서 보여 주고 있다. 정공 수송층인 디아민 유도체(TADC)와 발광층인 Alq_3 여기자는 디아민이 가지는 높은 여기 에너지 장벽에 방해를 받아서 정공 수송층 내로는 이동할 수 없게 된다. 이 때문에 Alq_3 여기자는 음극 쪽을 향해 20nm 정도 확산한다. 이때 Alq_3 박막층 내에 게스트가 존재하면 에너지의 이동이 발생된다. 형광 색소에는 레이저 색소로서 알려져 있는 쿠마린(coumarine) 540, DCM1, DCM2가 사용되며 소자의 발광 효율은 2.3~2.5%가 얻어지고 있다.

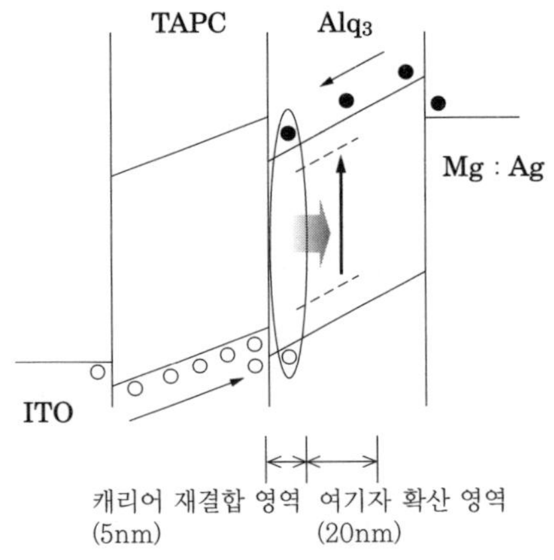

그림 4.5 에너지 이동에 기초한 발광 기구

　사용하는 색소의 발광색은 디스플레이에 응용 시 색 재현 범위를 결정하는 중요한 요소가 된다. 파이오니아에 의해 밝혀진 키나크리돈 유도체(DEQ)에서 양호한 색 순도의 녹색 발광이 얻어지는 것으로 밝혀졌다.

　예를 들어 그림 4.6에서 보여 주는 키나크리돈 유도체를 Alq₃로 도핑한 소자에서 CIE 색 좌표(1931) $x=0.26$, $y=0.65$가 얻어져서 녹색에 있어서는 시판되는 CRT를 능가하는 색 순도가 유기 EL 소자에서 실현되었다. 더욱이 정공 주입층과 도핑층의 박막 두께 등 소자 구조의 최적화와 Li/Al 전극을 사용하여 전자 주입 효율의 개선을 통하여 10.8lm/W의 높은 전력 효율을 동시에 달성하였다.[9]

　앞에서 설명한 바와 같이 효율적인 에너지의 이동을 위해서는 그림 4.7(a)와 같이 모체의 형광

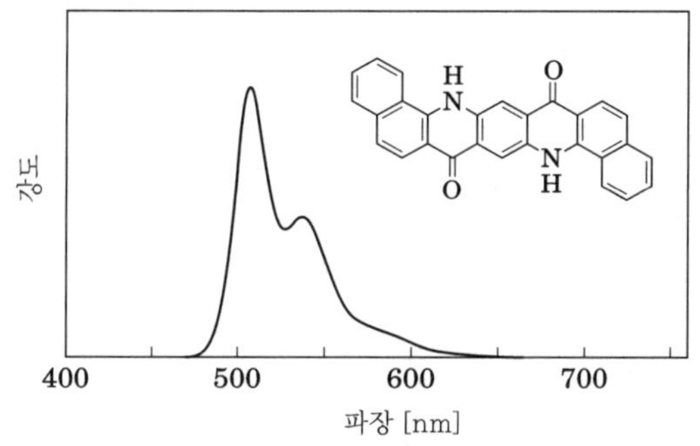

그림 4.6 키나크리돈 유도체를 도핑한 소자의 발광 스펙트럼

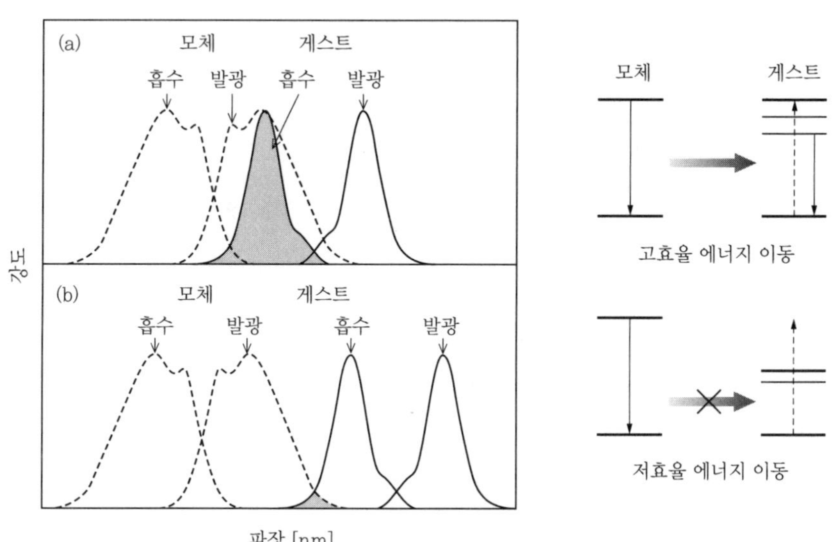

(a) 스펙트럼의 상호 중첩이 커서 양호한 효율의 에너지 이동이 발생한다.
(b) 스펙트럼의 상호 중첩이 작아서 에너지 이동의 효율이 낮다.

그림 4.7

스펙트럼과 게스트 분자의 흡수 스펙트럼의 중첩을 크게 하는 것이 중요하다.

반대로 그림 4.7(b)에서 보여 주듯이 모체 재료와 게스트의 스펙트럼 중첩이 거의 없는 경우에는 모체로부터 에너지 이동이 효율적으로 일어나지 않고, 모체와 게스트 양쪽으로부터의 발광이 동시에 나타난다.

이 때문에 색 순도가 저하하는 문제가 발생된다. 그러나 스펙트럼의 중첩을 보상하기 위해 색소 농도를 증가시키면 농도 비발광(quenching)에 의해 발광 효율이 저하된다. 이 문제를 해결하기 위한 한 방법으로서 모체와 게스트 사이의 에너지 이동을 도와주는 다른 색소를 도핑하여

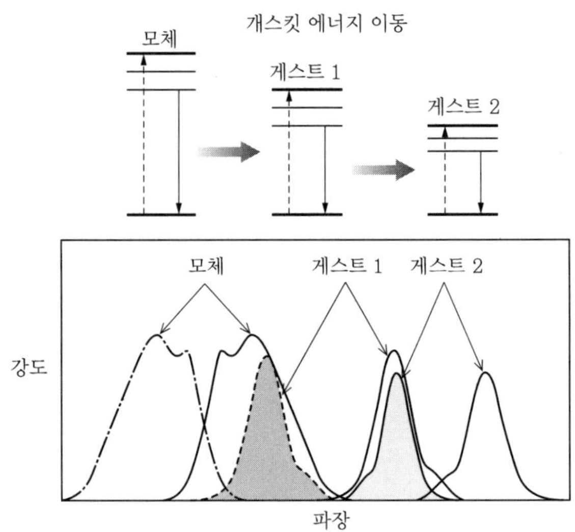

그림 4.8 보조 도핑에 의한 개스킷형 에너지 이동

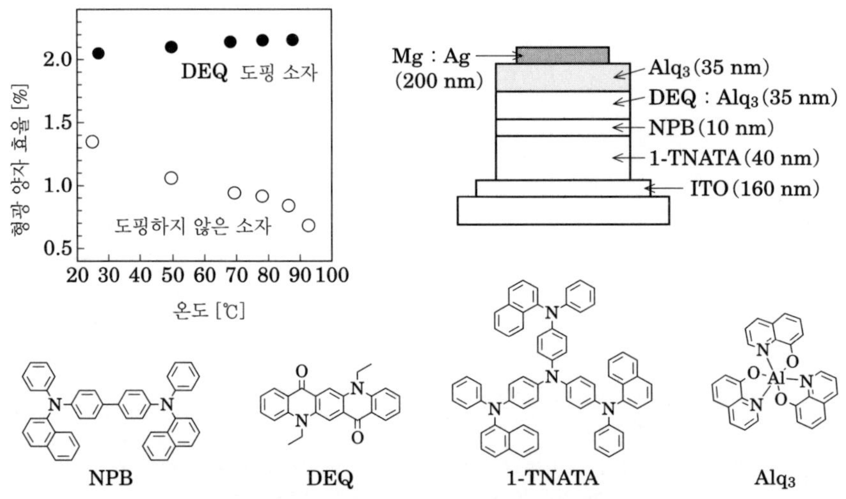

그림 4.9 도핑에 의한 소자 온도 의존성의 개선

개스킷(gasket)형의 에너지 이동을 발생시키는 방법이 있다(그림 4.8.) 이 방법은 보조 도핑 (assist doping)이라 불리는 방법으로 색 순도가 양호한 적색 발광을 얻는 데 효과적이다.[10]

이 외에도 형광 색소의 도핑에 의해 소자의 발광 양자 수율이 온도에 의존하지 않는 효과도 알려져 있다. 예를 들어 그림 4.9에서와 같이 도핑하지 않은 Alq_3를 발광층에 사용한 소자는 온도 상승에 따라 발광 효율이 저하한다.[11]

EL 소자의 발광 효율과 Alq_3층의 형광 양자 수율의 온도 의존성을 비교하면 소자의 발광 효율 쪽이 크게 감소한다. 이러한 사실은 단순히 형광 양자 수율의 온도 의존성만이 효율 저하를 가져오는 원인이 아님을 보여 준다. 이에 비해 키나크리돈 유도체의 일종인 디에틸키나크리돈을 도핑하면 발광 효율의 온도 의존성이 거의 없는 우수한 소자를 얻을 수 있다.[12]

4-5 캐리어 트랩 기구에 기초한 발광 기구

루블렌은 용액 중에서 형광 양자 수율 100%를 나타내는 형광 색소이다. 4.3절에서 설명한 바와 같이 루블렌을 발광층인 Alq₃층에 도핑할 경우 발광층의 형광 양자 수율은 100%가 된다.[13] 이러한 이유로 Alq₃층에 루블렌을 도핑한 층을 발광층으로 사용한 소자에서 발광 효율이 개선된다. 그런데 원래 여기자가 생성하지 않는 정공 수송층에 루블렌을 도핑할 경우에도 루블렌에서 발광이 관측되며 소자의 발광 효율을 크게 향상시킨다.

특히 흥미로운 것은 정공 수송층에 루블렌을 도핑하면 소자의 내구성에 비약적인 개선을 가져온다는 점이다. 예를 들어 그림 4.10에서 보여 주듯이 전공 주입층으로 m-MTDATA, 정공 수송층으로 TPD, 발광층으로 베릴륨 키놀린 착체($BeBq_2$)를 가지는 소자의 전공 수송층과 발광층에 루블렌을 도핑할 경우 도핑되지 않은 소자에 비해 150배의 장수명화가 보고되고 있다.[14] 또한 TPD 유도체를 정공 수송층, Alq₃를 발광층으로 사용한 소자에서 루블렌을 전공 수송층과 Alq₃ 양쪽에 도핑하면 가장 내구성이 우수한 것으로 보고되고 있다.[15]

이와 같이 루블렌을 도핑한 소자에서 발광 효율뿐만 아니라 내구성 향상에도 큰 효과를 나타내고 있다.

정공 수송층에 도핑한 루블렌에서 나타나는 발광 기구로는 그림 4.11에서와 같은 세 가지 가능성이 있을 수 있다.

① TPD/Alq₃ 계면 부근에서의 캐리어 재결합에 의해 생성된 Alq₃의 여기자에서 TPD층 내의 루블렌으로 에너지가 이동한다.

② 전자가 TPD/Alq₃ 계면에서 TPD 쪽으로 주입되어 생성된 TPD의 여기자에서 루블렌으로 에너지가 이동한다.

③ TPD/Alq₃ 계면으로부터 TPD층 내에 존재하는 루블렌에 전자가 직접 주입되어 루블렌에서 캐리어의 재결합이 발생한다.

위의 세 가지 가능성 중에서 ①과 ②는 게스트에 에너지가 이동하여 발생하는 기구이며 ③은 게스트에 캐리어 트랩과 계속 이어지는 게스트에서의 캐리어 재결합에 의한 현상이다. 게스트가 캐리어 트랩으로서 작용하여 발광하는 사실은 테트라센을 안트라센 결정에 도핑한 소자에서

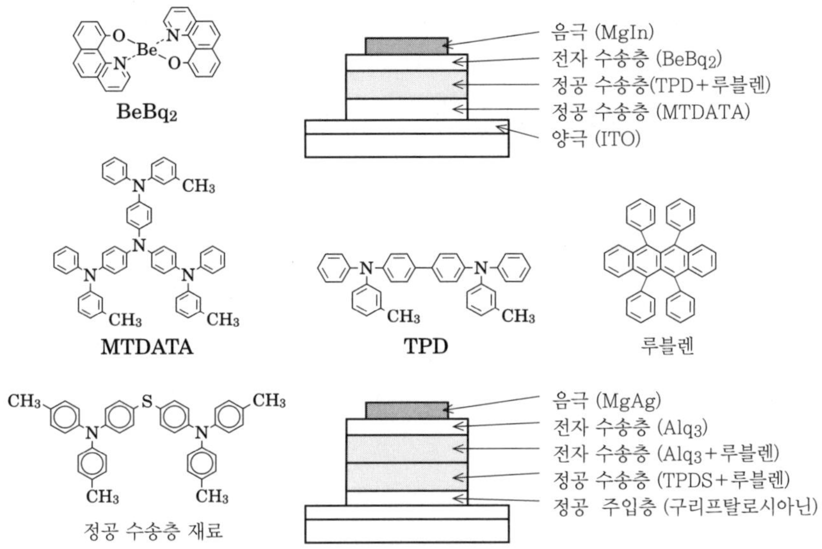

그림 4.10 루블렌의 도핑에 의해 장수명화가 보고된 소자의 구조와 사용된 재료

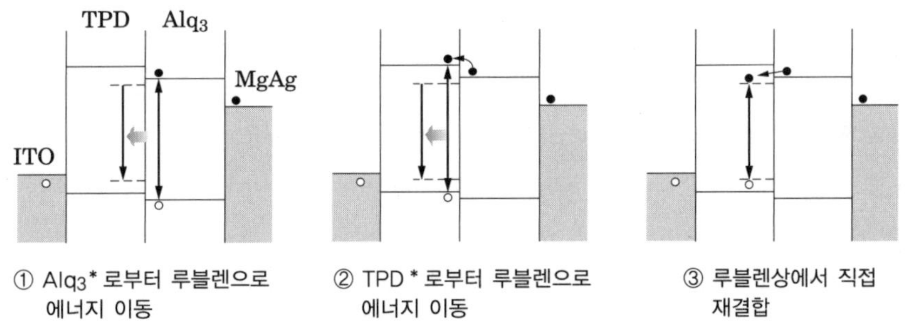

그림 4.11 루블렌을 도핑한 소자의 가능한 발광 기구

1960년대에 많이 발표된 바 있다.

또한 NEC의 그룹은 페릴렌 유도체를 게스트로 사용한 소자에서 캐리어 트랩의 가능성을 시사하는 논문을 발표하였다.[16] 다만 이들 보고는 게스트를 발광층 내에 도핑하여 게스트 에너지 준위가 모체의 밴드갭보다 작을 경우 당연히 양쪽의 캐리어 트랩으로 작용하리라고 예상된다. 그러나 루블렌의 경우는 전공 수송층에 루블렌이 도핑되어 있는 점이 지금까지의 보고와 다르다고 볼 수 있다. 루블렌이 도핑된 소자의 발광 메커니즘을 규명하는 것은 내구성 향상의 메커니즘을 이해하는 데에도 유용하다고 생각된다.

그림 4.11에 보이는 발광 메커니즘 중에서 에너지 이동에 기초한 발광 영역의 폭이 그림 4.12 (a)에서 보여 주는 소자에 의해 조사되고 있다. 이 소자에서는 TPD 내의 일정 영역(5nm)에 루

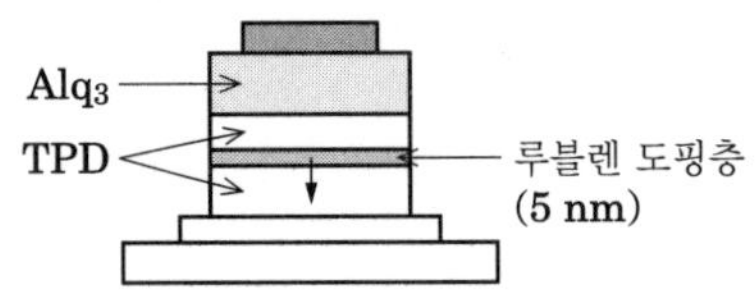

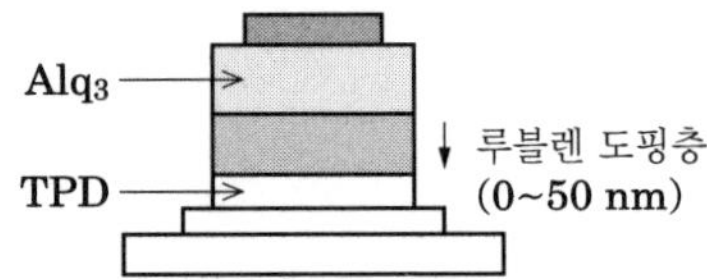

(a) 루블렌 도핑층의 막 두께는 일정,　　(b) 루블렌 도핑층의 막 두께를 0에서 TPD층
　　　 TPD 내의 위치를 변화　　　　　　　　　 전체 두께(50nm)까지 증가)

그림 4.12 루블렌이 도핑된 소자의 발광 메커니즘

블렌을 도핑하고 그 영역을 TPD/Alq₃ 계면에서 TPD 내부로 향하여 이동시킬 경우 발광 양자 수율의 변화를 측정하였다.

그 결과 에너지 이동에 의한 발광 영역은 계면으로부터 약 5nm 이내로 한정되고 있음을 보여 준다. 한편 그림 4.12 (b)에 보이는 소자의 경우는 루블렌이 도핑된 TPD층은 TPD/Alq₃ 계면에 접하여 있는 상태로 도핑층의 박막 두께가 0에서 TPD층 전체의 박막 두께인 50nm까지 변화되고 있다.

이 소자의 경우에는 TPD 내의 발광 영역이 20nm에 달하는 것으로 보고되었다. 이들 결과는 TPD 내의 전자 이동 거리가 루블렌의 도핑에 의해 증가한 것을 시사하고 있다.

TPD에 루블렌을 도핑한 박막의 분자 이동을 TOF법으로 측정하여 위의 결과를 지지하는 보고가 이루어졌다.[17] 동시에 루블렌을 도핑한 TPD의 정공 이동도가 저하하는 사실로부터 루블렌은 정공에 대해서는 트래핑 자리(Trapping Site)로 될 수 있음을 시사한다.

다시 말해 루블렌은 TPD 내의 주캐리어인 정공에 대해 얕은 트랩으로서 기능하고 동시에 전자의 호핑 자리(Hopping Site)가 되고 있다고 판단된다.

이러한 사실로부터 형광 양자 수율이 높은 루블렌 분자에서는 캐리어의 재결합이 매우 양호한 효율로 생성되고 있으며 루블렌을 도핑한 소자의 주 발광 기구는 ③이라는 것이 추측된다.[18]

이와 같은 발광 기구와 소자의 내구성의 관계는 어떤 관계에 있는지를 고찰할 수 있을 것인가? 유기층으로 TPD/Alq₃층을 가지는 유기 EL 소자의 성능 저하는 Alq₃의 라디칼 양이온의 생성에 원인이 있는 것으로 보고되고 있다.[19]

Alq₃의 라디칼 양이온의 생성은 Alq₃ 내에서 캐리어의 재결합이 발생하는 한 피할 수 없다. 즉 Alq₃에 도핑하여도 그 발광 기구가 에너지 이동에 기인하는 한 피할 수 없게 된다. 도한 TPD에 전자 주입이 일어나서 그에 따른 활성종(라디칼 음이온 등)이 성능 저하의 원인으로도 추정된다. 이에 대해 루블렌을 TPD층 내에 도핑한 소자에서는 재결합이 루블렌상에서 일어나기 때문에 Alq₃의 라디칼 양이온을 생성할 필요가 없다. 또한 TPD 분자에 전자 주입도 억제될 수 있다.

　한편 루블렌 분자의 사이클릭 볼탄미터 측정에 의하면 루블렌 분자에서 산화 환원 반응은 가역적인 응답을 나타내며 전기 화학적으로 매우 안정하다.[20] 이러한 사실이 루블렌을 사용한 소자에서 관측되는 수명 향상 메커니즘으로 생각된다. 이와 더불어 루블렌을 도핑함으로써 Alq_3 박막의 막질의 향상이 보고되고 있고,[21] TPD 막에 루블렌을 도핑하여 TPD 막의 결정화를 제어할 수 있는 가능성도 지적되고 있다.

참고문헌

(1) I.B.Berlman : Energy Transfer Parameters of Aromatic Compounds, Academic Press, New York (1973)

(2) T.Förster : Ann.Phys.,2,p.55 (1948)

(3) D.L.Dexter : J.Chem.Phys.,21,p.836 (1953)

(4) E.Wigner and E.E.Witmer : Z.Phys.,51,p.859 (1928)

(5) J.N.Demas and G.A.Crosby : J.Phys.Chem.,75,p.991 (1971)

(6) H.Murata, C.D.Merritt, H.D.Mattoussi and Z.H.Kafafi : Proc.SPIE,3476,p.88 (1998)

(7) M Kawabe, K.Masuda and S.Namba : Jpn.J.Appl.Phys.,10,p.527 (1971)

(8) C.W.Tang, S.A.VanSlyke and C.H.Chen : J.Appl.Phys.,65,p.3610 (1989)

(9) T.Wakimoto : Organic electroluminescent cells with high luminous efficiency, in Organic Electroluminescent Materials and Devices, Editors S.Miyata and H.S.Nalwa, Taylor & Francis (June 1997)

(10) Y.Hamada, H.Kanno, T.Tsujioka, H.Takahashi and T.Usuki : Appl.Phys. Lett.,75, p. 1682 (1999)

(11) Y.Abe, K.Onisawa, S.Aratani and M.Hanazono : J.Electrochem.Soc., 139, p.641 (1992)

(12) H.Murata, C.D.Merritt, H.Inada, Y.Shirota and Z.H.Kafafi : Appl.Phys.Lett., 75,p.3252 (1999)

(13) H.Mattoussi, H.Murata, C.D.Merritt, Y.Izumi, J.Kido and H.Kafafi : J.Appl. Phys.,86,p. 2642 (1999)

(14) Y.Hamada, T.Sano, K.Shibata and K.Kuroki : Jpn.J.Appl.Phys.,34,p.L824 (1995)

(15) G.Sakamoto, C.Adachi, T.Koyama, Y.Taniguchi, C.D.Merritt, H.Murata and Z.H.Kafafi : Appl.Phys.Lett.,75,p.766 (1999)

(16) K.Utsugi and S.Takano : J.Electrochemical Soc.,139,p.3610 (1992)

(17) H.Murata, H.Mattoussi, C.D.Merritt, Y.Iizumi, J.Kido, H.Tokuhisa, T.Tsutsui and Z.H.Kafafi : Mol.Cryst.Liq.Cryst.,353,p.567 (2000)

(18) H.Murata, C.D.Merrit and Z.H.Kafafi : IEEE J.Select.Topics Quant. Elect.,4, p.119 (1998)

(19) H.Aziz, Z.D.Popovic, N.-X.Hu, A.-M.Hor and G.Xu : Science,283,p.1900 (1999)

(20) J.Chang, D.M.Hercules and D.K.Roe : Electrochemica Acta,13,p.1197 (1968)

(21) Y.Sato and H.Kanai : Mol.Cryst.Liq.Cryst.,253,p.143 (1994)

05

인광 발광에 의한 고성능화

유기 EL 소자의 개발 과정에서 저분자 재료를 이용한 소자에 녹색 계통의 $Ir(ppy)_3$ 등 인광 재료를 사용함으로써 발광 효율을 크게 향상시킬 수 있다. 본 장에서는 인광 유기 EL 소자의 특성을 이해하고 유기 박막에서 광 여기, 발광·소멸 과정, 소자 구조의 최적화 및 인광 유기 EL 소자의 내구성 등에 대해 설명한다. 아울러 백색 인광 유기 EL 소자의 구조와 특성 예를 보여 주고 있다. 끝으로 고분자 유기 재료를 이용한 유기 EL 소자에 있어서 인광 발광 재료의 소개와 양자 효율과 전류 효율 특성에 대해 소개한다.

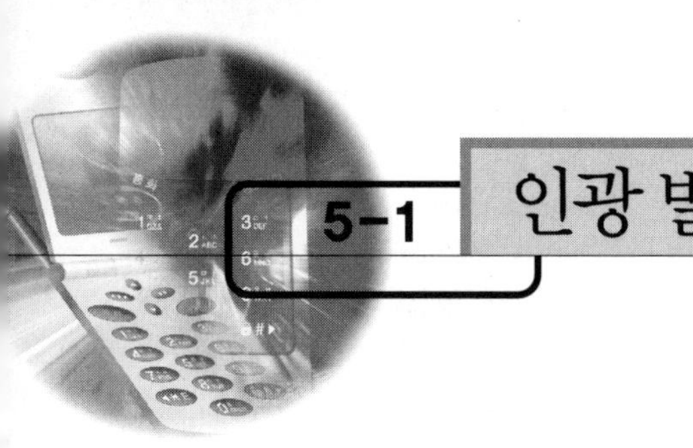

우선 간략하게 인광 유기 EL 소자의 역사에 대해서 설명한다(표 5.1). 1960년대 안트라센 단결정의 초기 유기 EL 연구에서 이미 인광 과정의 중요성이 지적된 바 있다.[1]

실제 삼중항–삼중항 소멸(Triplet–Triplet Annihilation)에 의한 일중항 여기자의 생성 과정이 상세하게 검토되었다.[2]

그 후 인광 유기 EL에 대한 연구는 그다지 활발하지 않았으나, 1990년대 규슈대학 그룹에 의해 벤조페논(Benzophenon : BP), 게톡마린 유도체를 사용한 EL 발광이 보고되었다.[3] 77K의 저온에서 수명이 긴 인광 유기 EL이 확인되었다. 직접적으로 인광 발광을 전류 여기로 확인한 것은 이 보고가 처음이었다.

그 후 NTT 그룹에 의해서도 벤조페논 유도체를 사용하여 EL 소자의 발광이 확인되었다.[4] 1999년에 프린스턴 대학과 남캘리포니아 대학의 연구 그룹에서 PtOEP,[5] 그리고 Ir 화합물[6],[7]을 사용한 EL 발광이 관측되어 인광 유기 EL 소자의 본격적인 연구가 시작되었다.

현재는 유기 EL의 발광 중심에 삼중항 여기 상태(삼중항 여기자)를 이용하여 발광 효율을 크게 향상시키게 되었다. 즉 중심 금속에 중원자(重原子)를 가지는 유기 금속 화합물은 내부 중원자 효과에 의해 일중항 여기자가 이미 항간 교차(項間交差)되고 아울러 삼중항 여기자의 발광 천이 효율이 매우 높은 현상을 이용하여 전기 여기에 의해 생성된 일중항 여기자와 삼중항 여기자 모두를 발광에 이용하게 되었다.

이로 인하여 형광성 발광 재료가 갖는 외부 양자 효율 $\eta_{ext} = 5\%$의 한계를 넘어서게 된다. 녹색($\eta_{ext} = 19\%$)[7], 적색($\eta_{ext} = 7\%$)[8], 청색($\eta_{ext} = 6 \sim 10\%$)[9],[10]의 외부 양자 효율이 얻어졌으며 특히 녹색에 있어서는 거의 이론 한계에 가까운 발광 효율까지 도달하고 있다(그림 5.1). 이들 소자에 있어서 발광 재료는 이리듐 착체(Ir Complex)를 사용하고 있다.

또한 같은 방식으로 삼중항 발광을 이용한 희토류 착체인 유로퓸 착체(Eu Complex)를 인광성 발광 재료로 사용한 인광 유기 EL 소자에 대해서도 다수의 보고 예가 있다.[11] 그러나 이들 재료 계열은 배위자(配位子)로부터 Eu에 에너지 이동 효율이 낮은 사실과 여기 수명이 길기 때문에 유기 EL의 발광 재료는 부적합하다.

현재는 인광 재료를 사용함으로써 매우 높은 효율의 발광이 얻어지고 있으므로 인광 재료 기

표 5.1 인광 유기 EL의 역사

	인광체	최대 효율	발표 논문
저온	벤조페논 케토쿠마린 ≪1%		Morikawa, et al.:51th Jpn. Soc. Appl. Phys., p.1041 (1990) Hoshino, et al.:Appl.Phys. Lett.,69,p.224(1996)
상온	PtOEP 6% (CBP 중)		Baldo,et.al.:Nature,395, p.151(1997) O'Brien,et al.:Appl. Phys. Lett., 74,p.442(1999)
	Ir(ppy)₃	8% (CBP 중) 19% (CBP 중)	Baldo,et al.:Appl.Phys. Lett., 75,p.4(1999) Adachi,et al.:Appl.Phys. Lett., 77,p.904(2000)
	Btp2Ir(acac) 7% (CBP 중)		Adachi, et al.:Appl.Phys. Lett., 78,p.1622(2001)
	5.7% (CBP 중) FIrpic 10.4% (CDBP)		Adachi, et al.:Appl. Phys. Lett., 79,p.2082(2001) Tokito, et al.:Appl.Phys. Lett., 83,p.569(2003)

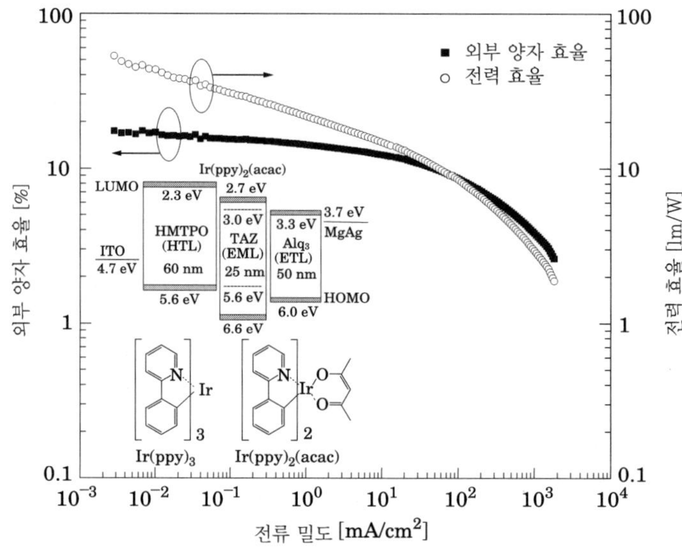

그림 5.1. Ir(ppy)₃를 발광층으로 사용한 인광 유기 EL 소자의
외부 양자 효율의 전류 밀도 의존성

술은 유기 EL의 중요한 연구 과제가 되고 있다. 본 장에서는 인광 유기 EL 소자의 본질을 이해하도록 인광 재료의 고체 박막에 있어서 광 여기, 발광 소멸 과정, 소자 구조의 최적화 등에 대해 설명한다.

그림 5.2(a)에 유기 분자의 에너지 상태도를 보여 주고 있다. 보통 광 여기하에서는 S_0(기저 상태)에서 S_1(일중항 여기 상태)로 광 흡수가 일어나고, 기저 상태로 돌아올 때 방사되는 광을 형광(Fluorescence)이라 한다.

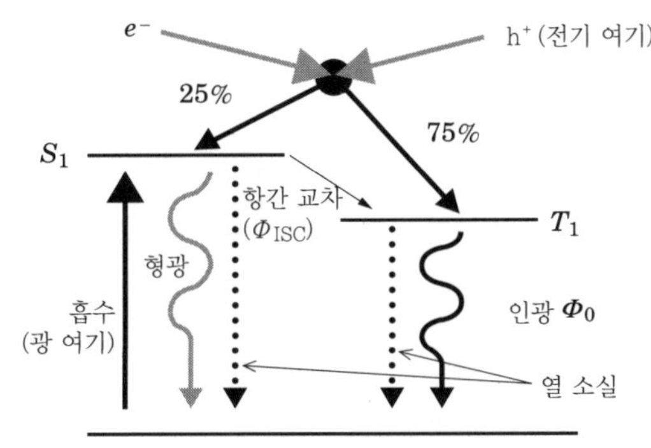

(a) 유기 분자의 에너지 상태도

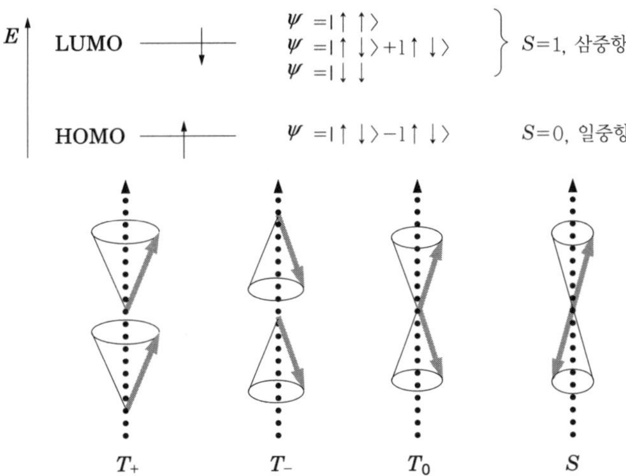

(b) 전자와 정공의 재결합에 의해 생성되는 4가지 고유 상태

그림 5.2

　　스핀이 스핀–궤도 상호 작용(중원자 효과)에 의해 반전하여 삼중항 여기 상태로 천이하여 방사 발광 소실하여 기저 상태로 돌아오는 과정을 인광(Phosphorescence)이라 한다.[12] 인광은 일반적으로 여기 수명이 길고, 경합하는 강한 열 소실 과정의 존재로 인하여 유기 EL에 있어서 높은 발광 효율을 기대할 수가 없다. 그러나 전류 여기에 있어서는 전자–정공의 재결합에 의해 스핀 통계 법칙에 의해 일중항 여기자와 삼중항 여기자가 1 : 3의 비율로 생성된다.

　　이것은 삼중항의 고유 상태가 3개(T_0, T_+, T_-), 일중항의 고유 상태가 1개 존재하기 때문이며 (그림 5.2(b)), 이것이 캐리어 재결합에 의해 균등 배분되기 때문이다. 이로 인해서 삼중항으로부터 효율 좋게 발광이 얻어지면 높은 발광 효율이 달성될 수 있고, 원리적으로는 1960년대부터 알려진 사실이다. 그러나 실제로는 실온에서 높은 인광 양자 수율을 가지는 화합물을 단순한 축합 다환 방향족(縮合多環芳香族)에서 찾아내는 것은 매우 어려운 일이다.

　　인광 물질로 대표적인 화합물은 벤조페논 유도체(BP)가 있다.[13] BP는 형광을 나타내지 않아서 항간 교차(項間交差)의 속도 정수가 $k_{ISC} \sim 10^{10} s^{-1}$ 정도의 값으로 추측되고, $\Phi_{ISC} = 100\%$를 의미한다. 여기서 77K의 측정으로부터 인광의 양자 수율은 0.90, 삼중항 여기 상태의 여기 수명은 $6 \times 10^{-3} s$인 사실로부터 인광의 속도 정수 $k_P \sim 150$, 삼중항 무방사 소실의 속도 정수 $k_{NP} \sim 20 s^{-1}$이 얻어진다.

　　또한 k_P의 값은 온도에 의해 크게 변하지 않으나, k_{NP}는 온도 증가와 함께 증가하여 25℃에서 $k_P \sim 10^5$이 된다. 따라서 실온에서는 사실상 인광은 관측할 수 없게 된다. 특히 문제가 되는 점은 반대로 저온으로 인하여 인광의 양자 수율을 높이는 경우에도 인광 수명은 수 ms~수십 초 단위의 긴 시간을 가지기 때문에 EL 과정에 있어서 여기 상태의 포화 또는 삼중항–삼중항 소멸이 활발하게 나타나는 점이다.[11]

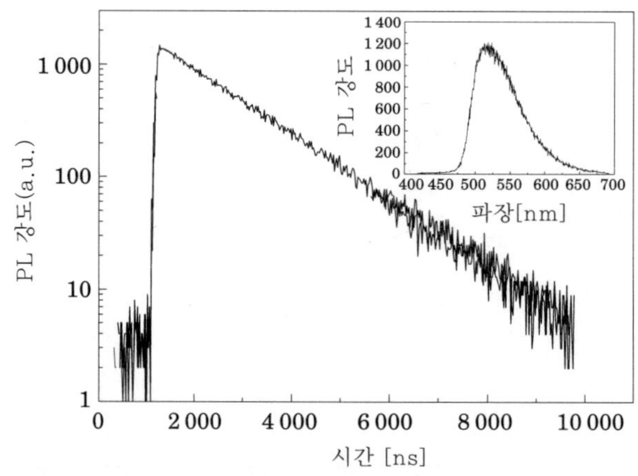

그림 5.3 Ir(ppy)₃의 디클로로메탄 내에서 인광의 과도 감쇠 스펙트럼

　한편 Ir, Pt 등을 포함하는 유기 금속 화합물은 실온에서도 매우 강한 인광을 보인다.[14] 이것은 Ir 원자에 의한 분자 내의 강한 스핀－궤도 상호 작용(중원자 효자) 때문에 항간 교차의 속도가 빠르고 아울러 삼중항 여기 상태의 금지 천이가 완화되어 방사 소실 과정의 속도 정수가 비교적 크다는 사실에 기인한다.

　그림 5.3에 Ir(ppy)₃의 시간 분해 발광 스펙트럼을 나타내고 있다. 발광은 515nm를 중심으로 한 넓은 폭(broad)의 발광을 나타내고 발광 수명은 파장에 의존하지 않고 ~3μs의 값을 갖는다. 이러한 발광은 Ir의 중심 금속으로부터 배위자로 전하가 이동한 상태인 MLCT(Metal to Ligand Charge Transfer)의 삼중항 상태에서 방사 천이되며, μs 단위의 비교적 짧은 여기 수명은 Ir의 중원자 효과에 의해 강한 섭동이 방사 천이를 강화하는 것을 의미한다.

　Ir(ppy)₃의 발광 기구를 이해하기 위해 EL과 PL(발광층)의 온도 의존성에 대한 실험 결과를 나타내었다. PL 발광 스펙트럼은 온도 저하와 함께 반치폭(半値幅, FWHM : Full Width at Half Maximum)이 약간 좁아지는 현상(narrowing)이 나타나며, 적분된 발광 강도는 큰 온도 의존성을 나타내지 않는다.

　그림 5.4에 Ir(ppy)₃의 에너지 상태도를 보여 주고 있다. Ir(ppy)₃는 형광을 전혀 나타내지 않으므로 S_1에서 T_1으로 천이 속도는 매우 빠를 것으로 예상되며(~10^{10}s^{-1}), ISC의 효율이 100%이다. 특히 PL 강도가 온도 의존성을 보여 주지 않음으로써 비방사 소실의 속도 정수가 방사 소실 속도 정수에 비해 실온에서도 이미 매우 작은 값임을 시사한다. 또한 발광량 수율의 측정으로부터도 Ir(ppy)₃는 양자 수율이 거의 100%임이 확인되고 있다.[15]

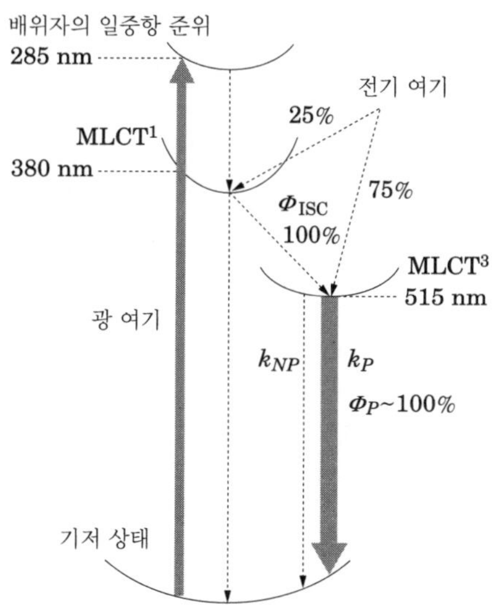

그림 5.4 Ir(ppy)₃의 에너지 상태도

또한 높은 효율의 인광 발광을 얻기 위해서는 모체(host) 재료의 선택이 중요하며 게스트(guest) 분자보다도 큰 삼중항 에너지를 갖는 것이 에너지를 가두어 두는 관점에서 필수 사항이다. 현재 삼중항 여기자의 가두어 넣는 효과, 내구성, 양극성(bipolar) 캐리어 수송성의 면에서 CBP(4,4′-dicarbazolyl-1,1′-biphenyl)이 모체 재료로 많이 사용되고 있다.

CBP의 인광 준위는 인광 스펙트럼의 측정으로부터 2.56eV에 존재하므로 $Ir(ppy)_3$의 인광 준위보다도 높은 위치에 존재한다. 이 때문에 $Ir(ppy)_3$에 있어서 삼중항 여기자는 모체로의 에너지 이동을 보이지 않고 양호한 효율로 방사 소실을 하게 된다.

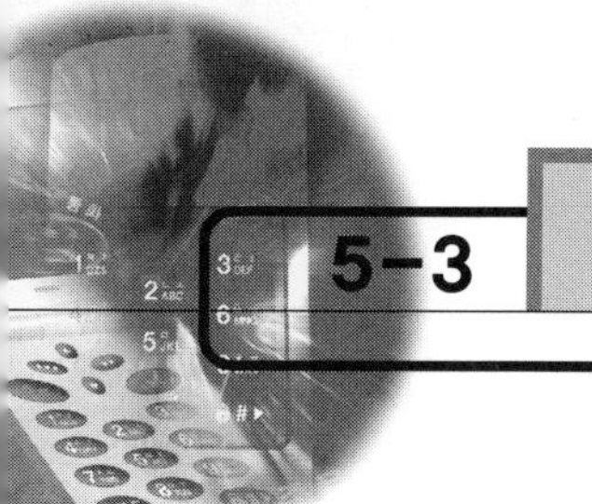

이상적인 소자 구조

인광 유기 EL 소자에서 고효율 발광을 얻기 위해서는 소자 구조의 최적화가 필요하다. 소자 구조 설계는 기본적으로는 형광 재료와 같지만 삼중항 여기 상태를 발광층 내에 가두어 두기 위해 모체 재료와 더불어 정공 및 전자 수송층의 삼중한 에너지 준위의 제어도 중요한 요소가 된다. 예를 들어 정공 수송 재료인 TPD, TAPC는 모두 500nm보다 단파장 쪽으로 인광 발광을 나타내므로 Ir(ppy)$_3$의 삼중항 여기자를 가두는 데는 문제가 없는 것으로 생각된다.

한편 α-NPD와 Alq$_3$는 500~600nm보다 큰 파장 쪽에 삼중항 준위를 가지므로 여기자를 가두어 두는 데는 불충분하다(그림 5.5). [16]

또한 정공 수송성 모체(TPD), 전자 수송성 모체(TAZ, OXD, BCP), 양극(Bipolar) 수송성 모체(CBP)에 인광 재료를 도핑한 결과, 즉 전자 수송성 또는 양극 수송성 모체에 Ir(ppy)$_3$를 도핑한 경우 높은 발광 효율을 얻을 수 있음을 알았다.

이러한 사실은 도핑된 인광 분자 자체가 정공 수송성을 가지고 있음을 의미하고 있다. 양극 수송성을 갖는 CBP를 모체로 한 경우, 소자 구성에 따라서 정공 수송성 및 전자 수송성 모체로서

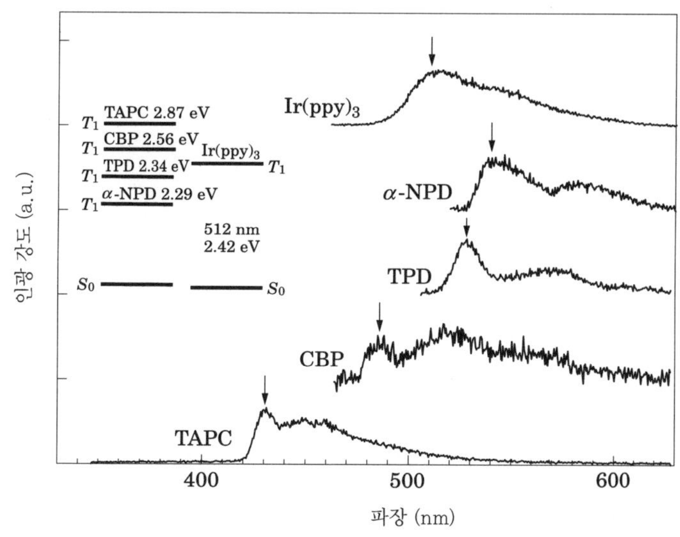

그림 5.5 Ir(ppy)$_3$ 및 α-NPD, TPD, CBP, TAPC의 인광 스펙트럼 (T=5K)

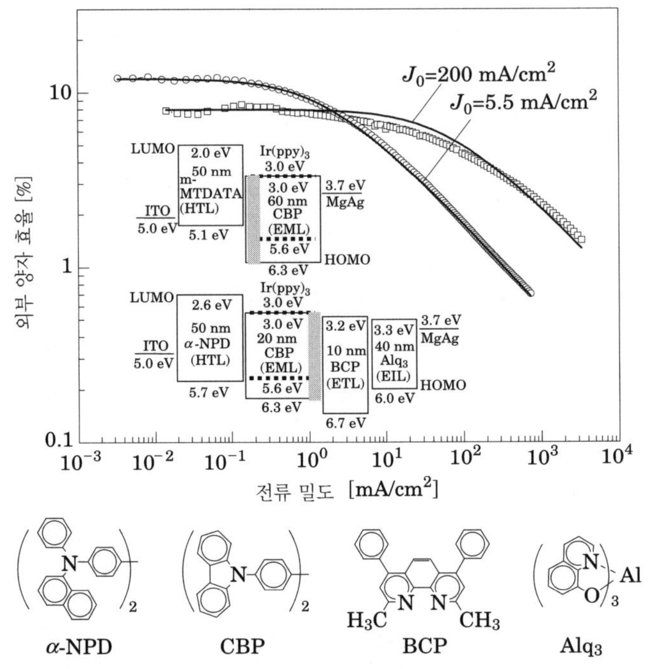

그림 5.6 정공 수송성 및 전자 수송성을 가지는 CBP를 모체로 사용한
인광 유기 EL 소자의 발광 특성

기능을 하고 있는 것을 시사한다(그림 5.6).[17]

마지막으로 유기 인광 소자의 특징적인 캐리어 주입·수송 과정에 대해 설명한다.[18] 유기 EL에 있어서 여기자 생성 과정에는 크게 다음과 같이 구분한다.

① 모체에서 여기자가 생성되어 게스트 분자로 에너지가 이동하는 과정
② 게스트 분자에서 직접 캐리어의 재결합·여기자 생성이 일어나는 과정

의 2종류로 분류할 수 있다.

Ir(ppy)_3의 농도를 변화시킬 경우 EL 발광 스펙트럼은 게스트 분자의 농도에 따라 크게 변화한다.

보통, ①의 기구가 적용되는 경우 농도의 감소에 따라 모체 재료의 발광이 나타나지만 인광 소자의 경우 정공 수송 재료층(HTL)에서의 발광이 강하게 나타나는 경향을 보인다. 이는 게스트 분자의 농도가 클 경우 HTL로부터 게스트 분자의 HOMO 준위에 정공 주입이 직접적으로 발생하여 주로 모체에 의해 운반된 전자와 재결합하는 것을 의미하고 있다(그림 5.7).

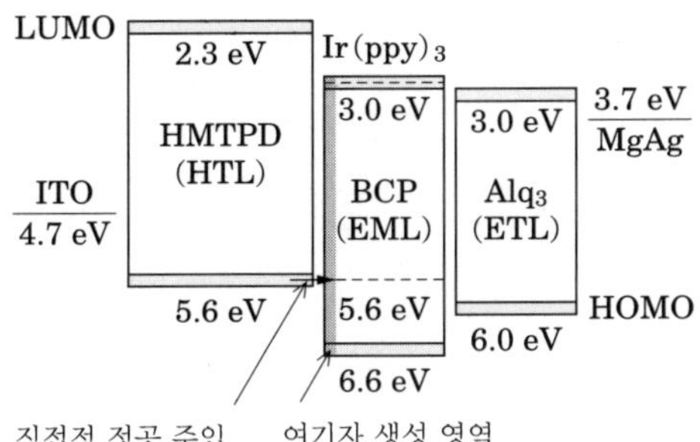

(a) 인광 농도 >6%

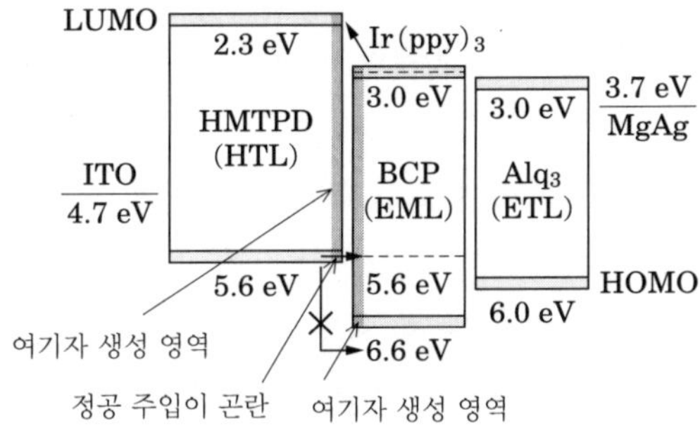

(b) 인광 농도 ~2%

그림 5.7

　한편 게스트 농도가 낮은 경우는 HTL/발광층 계면에서 게스트 분자로의 정공 주입 자리(site)가 감소하기 때문에 정공이 게스트 분자의 HOMO 준위에 주입되지 않고 반대로 전자 주입이 HTL 내부에서 발생하여 HTL 내에서도 여기자 생성이 일어나는 것으로 생각된다. CBP를 모체로 한 소자 구조에서도 유사한 발광 스펙트럼의 게스트 분자 농도 의존성이 나타나며 직접적인 전하 재결합 과정과 여기자 생성이 많은 인광 소자에서 확인되고 있다.

그림 5.1에 인광 재료를 사용한 고효율 소자의 예를 보여 주었다. 인광 유기 EL 소자는 매우 높은 발광 효율을 실현할 수 있지만 능동 매트릭스(active matrix) 구동으로 작동할 때는 전류 밀도가 낮은 영역에서 구동하기 때문에 고효율을 이용할 수 있으나, 수동 매트릭스(passive matrix) 구동법으로 동작 시에는 $J \sim 1A/cm$ 정도의 전류 밀도가 필요하다.

이와 같은 고전류 밀도 영역에서는 현저한 효율 저하가 관측되며, 이는 Triple-Triple(T-T) Annihilation(삼중항-삼중항 소멸)의 이론 곡선과 비교적 잘 일치하고 있다.[19] $^3M^*$를 삼중항 여기자, M을 기저 상태, $[^3M^*]$를 삼중항-삼중항 여기자 농도, d를 재결합 자리의 폭, τ를 인광 수명, k_q를 삼중항-삼중항 소멸 속도 정수, q를 전하, J를 전류 밀도라 할 때, T-T Annihilation의 이론식은

$$4(^3M^* + {}^3M^*) \rightarrow {}^1M^* + 3{}^3M^* + 4M \tag{5.1}$$

$$\frac{d[^3M^*]}{dt} = -\frac{[^3M^*]}{\tau} - \frac{k_q}{2}[^3M^*]^2 + \frac{J}{qd} \tag{5.2}$$

로 주어진다. 정상 상태에서 해 η_{TT}는 식 (5.3)으로 주어진다.

$$\frac{\eta_{TT}}{\eta_0} = \frac{J_0}{4J}\left[\sqrt{1 + 8\frac{J}{J_0}} - 1\right] \tag{5.3}$$

여기서 J_0는 초기 효율 η_0가 1/2이 되는 전류값이다. 앞의 그림 5.6에서 두 종류의 소자에 대한 η_{ext}-J의 특성을 보여 주고 있다. η_{ext}-J의 곡선은 T-T 모델과 잘 일치하고 있으므로 고전류 밀도하에서 효율 저하는 T-T Annihilation에 의한 가능성을 제시하고 있다. 전류 밀도 $J = 200mA/cm^2$에서 외부 양자 효율은 약 6%가 되고 형광 재료와의 차이가 없어진다. T-T Annihilation을 억제하기 위해서는 이론식으로부터 재결합 자리의 폭을 넓힐 것과 여기 수명을 특히 짧게 하는 것이 해결책이 될 수 있다. 앞으로 양극성 모체의 탐색, 인광 수명의 분자 구조상의 결정 인자를 밝혀서 T-T Annihilation을 막는 방법을 찾아야 할 것이다.

인광 유기 EL 소자의 내구성

현재의 인광 유기 EL 소자의 RGB 발광 특성을 표 5.2에 정리하였다. 외부 양자 효율에 관해서는 거의 10%를 초과하는 소자가 많으며 형광 재료에 대해 우수하게 나타난다.

표 5.2 인광 유기 EL 소자의 RGB 발광 특성 예

EL 발광색	짙은 적색	적색	청색	녹색
피크 파장 [nm]	650	620	474	510
CIE-x	0.71	0.25	0.16	0.28
CIE-y	0.29	0.35	0.32	0.64
외부 양자 효율 [%]	5	8	11	19.5
수명 [h]	100000@ 70 cd/m^2	15000@ 300 cd/m^2	개발 중	10000@ 600 cd/m^2

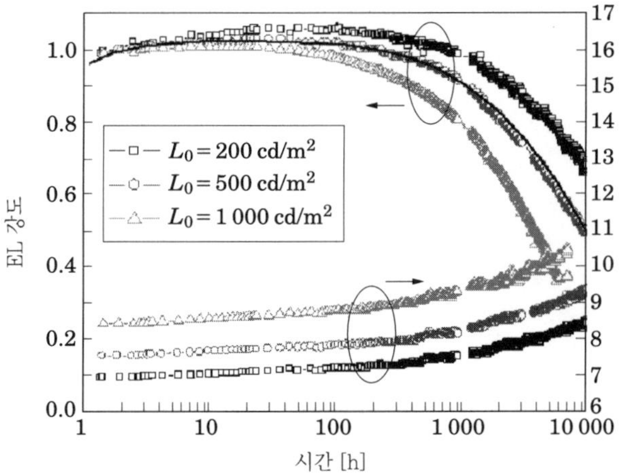

그림 5.8 녹색 인광 디바이스의 내구 특성

그러나 구동 전압에 있어서는 일반적으로 인광 유기 EL 소자가 높은 경우가 많아서 앞으로의 커다란 검토 과제가 되고 있다. 내구성에 관해서는 인광은 원리적으로 여기 수명이 길기 때문에 화학 반응성이 크고 내구성이 떨어지는 것으로 알려져 있다.

그러나 인광 유기 EL 소자에서 모체 재료, 게스트 재료의 최적화, 소자 구조의 최적화에 의해 내구성은 매년 현저히 향상되고 있다. 현재는 재료의 최적화에 의해 녹색 및 적색 발광에 있어서 10000시간에 달하는 소자 특성이 달성되고 있다(그림 5.8).

인광 재료를 이용하여 녹색에서 외부 양자 효율 η_{ext}=19%, 전력 효율 60 lm/W 이상의 효율이 얻어짐을 확인하여 조명으로서 백색 인광 소자의 실현에 큰 기대를 걸고 있다. 그림 5.9에 백색 인광 소자에 대한 소자 구조를 보여 주고 있다. 서로 보색이 되는 2성분계의 발광을 조절하여 CIE 색 좌표상에 (0.33, 0.33)의 백색을 얻을 수가 있다.

지금까지 청색 성분에 FIrpic 및 적색 성분에 Btp$_2$Ir(acac)를 사용한 적층 소자에서 η_{ext}=3.8%를 얻고 있으며, 특히 색도를 개선할 목적으로 황색 성분으로 Bt$_2$Ir(acac)를 첨가한 3성분계에서 η_{ext}=5.2%의 값을 보고하고 있다.[20]

같은 방법으로 고분자인 폴리비닐카르바졸(PVK) 내에 RGB 3성분을 분산시킨 소자에서도 η_{ext}=2.1%가 얻어졌다.[21] 고분자 분산계의 이점은 용액 공정이기 때문에 도핑 농도를 쉽게 제어할 수 있으며 PVK의 도핑 비율의 최적값은 청 : 황 : 녹=10 : 0.25 : 0.25로 낮은 에너지 게스트를 미량 첨가함으로써 큰 폭의 색도 변화가 관측되고 있다.

이러한 사실로 인광-게스트 사이에서 청 → 황 → 적의 에너지 이동이 일어남을 시사하고 있어서 색도 제어에는 에너지 이동을 고려한 정밀한 도핑양의 첨가 등 재료 설계가 필요하다.

백색 인광 유기 EL 소자에서 문제가 되는 것은 발광색이 전류 밀도에 의해 변화되어 버리는 점이다.

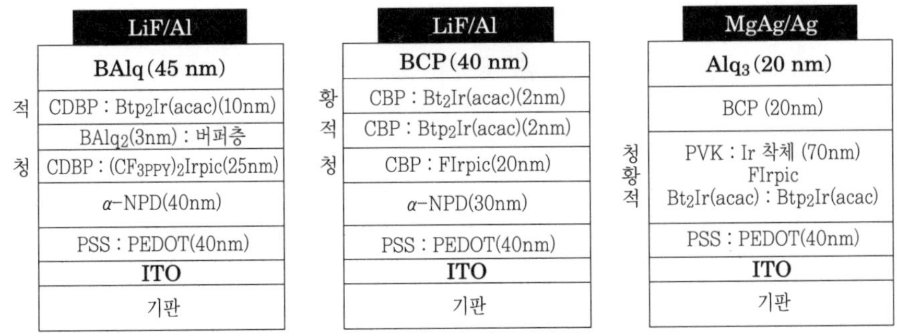

LiF/Al	LiF/Al	MgAg/Ag
BAlq (45 nm)	**BCP (40 nm)**	**Alq$_3$ (20 nm)**
적 CDBP : Btp$_2$Ir(acac)(10nm)	황 CBP : Bt$_2$Ir(acac)(2nm)	BCP (20nm)
BAlq$_2$(3nm) : 버퍼층	적 CBP : Btp$_2$Ir(acac)(2nm)	청 PVK : Ir 착체 (70nm)
청 CDBP : (CF$_3$PPY)$_2$Irpic(25nm)	청 CBP : FIrpic(20nm)	황 FIrpic
α-NPD(40nm)	α-NPD(30nm)	적 Bt$_2$Ir(acac) : Btp$_2$Ir(acac)
PSS : PEDOT(40nm)	PSS : PEDOT(40nm)	PSS : PEDOT(40nm)
ITO	**ITO**	**ITO**
기판	기판	기판
(a) 2파장형	(b) 3파장형	(c) 3파장형(폴리머 분산)

그림 5.9

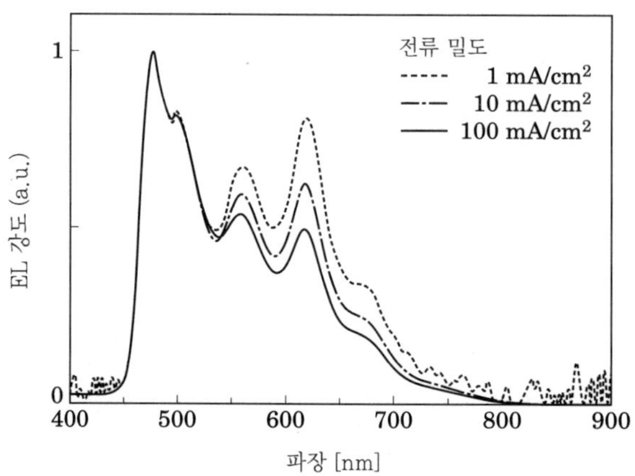

그림 5.10 백색 인광 유기 EL 소자의 발광 스펙트럼의 전류 밀도 의존성

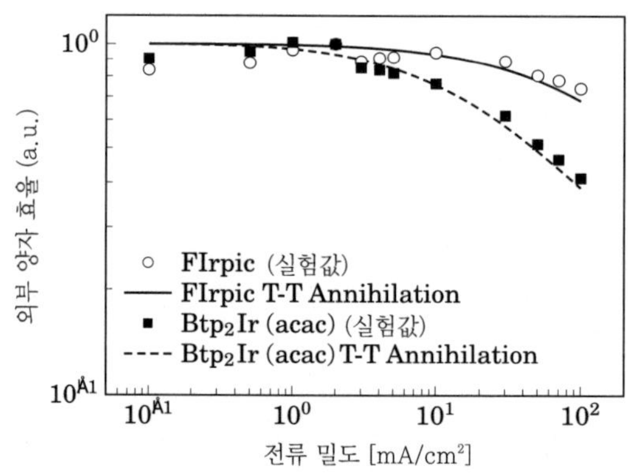

그림 5.11 백색 인광 유기 EL 소자의 청색, 적색 발광 성분의 전류 밀도 의존성

그림 5.9 (c) 소자의 경우에서도 그림 5.10에서와 같이 전류 밀도가 상승함에 따라 황색·적색의 피크 감쇠가 나타나게 되어 CIE 색도는 $1mA/(cm^2 \cdot h)$에서 (0.36, 0.41)이지만 100 $mA/(cm^2 \cdot h)$에서는 (0.32, 0.41)로 발광색은 청색을 띄게 됨을 알 수 있다.

그림 5.11에 FIrpic와 $Btp_2Ir(acac)$의 두 종류의 발광 스펙트럼을 분해하여 각각의 성분에 있어서 외부 양자 효율의 전류 밀도 의존성을 보여 주고 있다. FIrpic와 $Btp_2Ir(acac)$ 각각의 성분이 T-T Annihilation에 기초하여 발광 효율 저하에 대한 이론식과 일치함을 알 수 있다. 이미 설명한 식 (5.1), (5.2)에서 알 수 있듯이 T-T Annihilation이 쉽게 발생하는 것은 각 발광색 성분의 발광 수명에 의존한다. 이 때문에 전류 밀도에 의해 색도가 변화되어 버린다.

이를 해결하기 위해서는 버퍼 중간층(buffer layer)을 삽입하여 재결합 자리의 분배 또는 본질적으로 각각의 인광 재료의 여기 수명을 맞출 필요가 있으며 이는 매우 어려운 문제점으로 남을 수 있다.

　백색 인광 유기 EL 소자의 효율은 소자 내의 청색 성분의 효율에 의존하므로 기본이 되는 청색 인광 유기 EL 소자의 고효율화가 중요하다. 새롭게 $4,4'-bis$(9-carba-zolyl)-$2,2'$-dimethyl-biphenyl(CDBP)를 모채로 한 소자(그림 5.8 (a))에서 $\eta_{ext}=12\%$, 10 lm/W의 효율이 보고되고 있으며,[22] 백색 유기 EL 소자의 고효율화가 기대되고 있다.

고분자 계열에 인광 발광의 도입

고분자 유기 EL 소자에서 인광 발광을 실현하는 방법으로는 저분자 인광 재료와 캐리어 수송성 고분자를 서로 조합한 분산형 고분자 유기 EL 소자가 가장 용이한 방법이다. 이와 같은 분산형 고분자 유기 EL 소자의 경우는 여러 재료 변수를 쉽게 제어하여 고효율을 실현할 수 있기 때문에 기초 연구에는 적합하다.[23]

그러나 상 분리 등에 기인한 불안정성의 문제가 있어서 고분자 구조 내에 인광 발광을 일으키는 구조 단위를 도입하는 것이 바람직하다.

인광 발광을 하는 구조 단위를 갖는 고분자로서 그림 5.12에서 보여 주는 계열이 보고되고 있다. 즉, 정공 수송성의 카르바졸 고리(環)와 인광기의 이리듐 착체를 측쇄(側鎖)로 한 공중합의 비닐 고분자이다.[24] 주쇄(主鎖)가 비닐 구조이므로 디클로로에탄 또는 톨루엔 등의 범용 유기 용매에 녹여서 스핀 코팅(Spin Coating)법 등의 도포법으로 쉽게 균일한 박막을 제작할 수 있다. 이 고분자의 경우 고분자 중합 시의 단분자(monomer) 주입 비율을 바꾸어서 인광 단위의 농도를 0.1~10 mol% 범위로 제어 가능하다.

또한 인광기인 이리듐 착체의 종류를 바꾸어 RGB의 발광도 실현 가능하다. 표 5.3에 RGB의 고분자 EL 소자의 발광 파장과 발광 효율을 나타내었다.

발광 피크 파장은 청색 476nm, 녹색 523nm, 적색 620nm이다. 외부 양자 효율은 청색에서 6.6%, 녹색 11%, 적색 6.9%의 값이 보고되고 있다.[25] 전류 효율도 매우 커서 녹색에서는 40.3 cd/A까지 된다. 또한 청색과 적색의 2종류의 인광성 고분자를 혼합하는 단순한 방법에서 색도

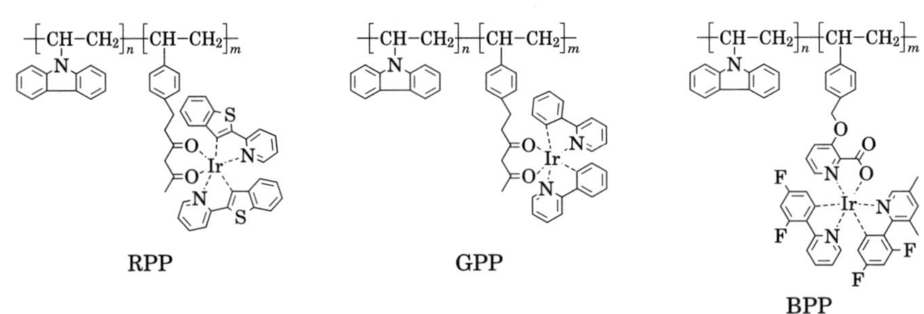

그림 5.12 인광성 고분자의 분자 구조

표 5.3 인광성 고분자를 사용한 고분자 유기 EL 소자의 특성

발광색	피크 파장 [nm]	외부 양자 효율 [%]	전류 효율 [cd/A]
적색	620	6.9	14.5
녹색	523	11	40.3
청색	476	6.6	5.5
백색	476, 620	6.1	9.5

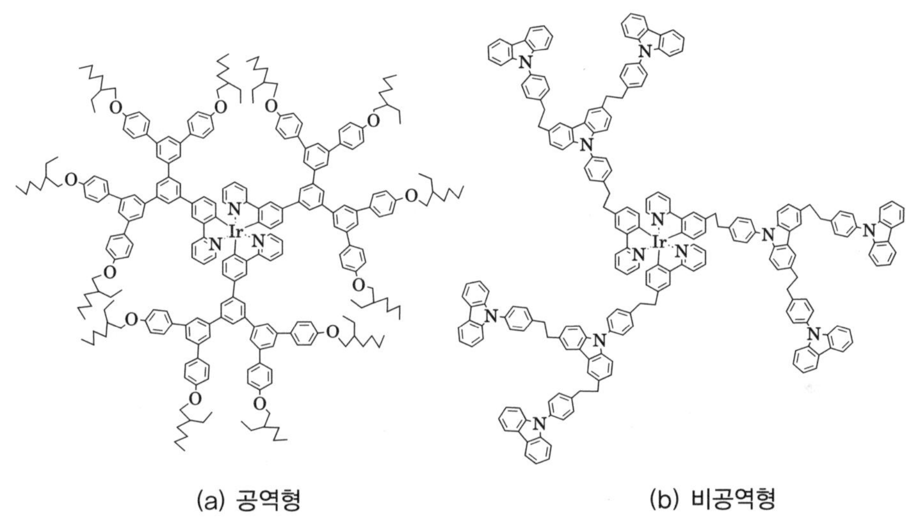

(a) 공역형   (b) 비공역형

그림 5.13 덴드리머 구조의 인광 재료

가 (0.36, 0.37), 외부 양자 효율 6.1%의 백색 발광 고분자 EL 소자도 실현 가능하다.[26]

　직쇄상(直鎖狀)의 고분자뿐만 아니라 다분기상(多分岐狀) 고분자(덴드리머)의 이리듐 착체를 사용한 인광 유기 EL 소자도 보고되고 있다(그림 5.13).[27] 이 덴드리머는 중심부에 이리듐 착체를 배치하고 주변의 수목(樹木) 부분에 페닐기가 연결되어 있다. 녹색 발광이지만 꽤 높은 발광 효율이 얻어지고 있다. 최근에는 수목부에 페닐카르바졸과 같은 명확한 캐리어 수송 단위를 도입하여 이리듐 착체부와 페닐카르바졸을 비공역 에칠렌기에 연결하여 이리듐 착체 본래의 발광을 보존시키는 덴드리머도 보고되고 있다.[28] 직쇄상 고분자에 한정되지 않고 도포법으로 박막 형성이 가능한 인광 재료가 새로운 종류의 발광 재료이며 앞으로 디스플레이의 대화면화와 저비용화를 고려할 때 매력적인 점이 되고 있다.

참고 문헌

(1) W.Helfrich and W.G.Schneider : Phys.Rev.Lett.,14,p.229 (1965)

(2) N.E.Geacintov and M.Pope : J.Chem.Phys.,47,p.1194 (1967)

(3) T.Tsutsui, C.Adachi and S.Saito : Electroluminescence in organic thin films, Photochemical Processes in Organized Molecular Systems, K.Honda ed.,p.437, Elsevier Sci.Pub. (1991)

(4) S.Hoshino and H.Suzuki : Appl.Phys.Lett.,69,p.224 (1996)

(5) D.F.O' Brien, M.A.Baldo, M.E.Thompson and S.R.Forrest : Appl.Phys.Lett.,74, p.442 (1999)

(6) M.A.Baldo, S.Lamansky, P.E.Burrows, M.E.Thompson and S.R.Forrest : Appl. Phys.Lett.,75,p.4 (1999)

(7) C.Adachi, Marc A.Baldo, S.R.Forrest and M.E.Thompson : Appl.Phys.Lett.,77, p.904 (2000)

(8) C.Adachi, M.A.Baldo, S.R.Forrest, S.Lamansky, M.E.Thompson and R.C. Kwong : Appl.Phys.Lett.,78,p.1622 (2001)

(9) C.Adachi, R.C.Kwong, P.Djurovich, V.Adamovich, M.A.Baldo, M.E.Thompson and S.R.Forrest : Appl.Phys.Lett.,79,p.2082 (2001)

(10) S.Tokito, T.Iijima, Y.Suzuri, H.Kita, T.Tsuzuki and F.Sato : Appl.Phys.Lett., 83,p.569 (2003)

(11) C.Adachi, M.A.Baldo and S.R.Forrest : J.Appl.Phys.,87,p.8049 (2000)

(12) N.J.Turro : Modem Molecular Photochemistry, University Science Books (1991)

(13) 德丸克己 : 유기광화학반응론, 동경화학동인 (1973)

(14) H.Yersin, et al. : Electronic and vibronic spectra of transition metal complexes II, Topics in current chemistry,p.191,Springer (1997)

(15) K.Goushi, Y.Kawamura, H.Sasabe and C.Adachi : Jpn.J.Appl.Phys.,43, pp.L937−L939 (2004)

(16) K.Goushi, R.Kwong, J.J.Brown, H.Sasabe and C.Adachi : J.Appl.Phys.,95,p.7798 (2004)

(17) C.Adachi, M.A.Baldo and S.R.Forrest : J.Appl.Phys.,90,p.5048 (2001)

(18) C.Adachi, M.E.Thompson and S.R.Forrest : IEEE, J.Selected Topics Quan. Elec.,8,p.372 (2002)

(19) C.Adachi, M.A.Baldo, R.Kwong and S.R.Forrest : Organic Electronics,2,pp. 37−43 (2001)

(20) B.W.D' andrade, M.E.Thompson and S.R.Forrest : Adv.Mater.,14,p.147 (2002)

(21) Y.Kawamura, S.Yanagida and S.R.Forrest : J.Appl.Phys.,92,p.87 (2002)

(22) S.Tokito, T.Iijima, Y.Suzuri, H.Kita, T.Tsuzuki and F.Sato : Appl.Phys.Lett., 83,p569 (2003)

(23) C−L.Lee, K.B.Lee and J−J.Kim : Appl.Phys.Lett.,77,p.2280 (2000)

(24) S.Tokito, M.Suzuki, M.Kamachi, K.shirane and F.sato : EL2002 Proceedings, p.283 (2002)

(25) S.Tokito, M.Suzuki and F.Sato, M.Kamachi and K.Shirane : Organic Electronics,4,p.105 (2003)

(26) M.Suzuki, S.Tokito, M.Kamachi, K.Shirane and F.Sato : J.Photopolym. Sci. Tech.,16,p.309 (2002)

(27) T.D.Anthopulos, J.P.J.Markham, E.B.Namdas and I.D.W.Samuel, S-C.Lo and P.L.Burn : Appl.Phys.Lett.,82,p.4824 (2003)

(28) 都築俊満, 白澤信彦, 鈴木敏泰, 時任靜士 : 제 50회 응용물리학 관계연합강연회 子稿集,28p-A-8 (2003)

06

유기 EL 재료

본 장에서는 유기 EL 소자에 도핑한 발광층을 도입함으로써 소자의 고성능화를 가져오는 사실에 대해 설명한다. 특히 에너지 이동 기구를 이용한 소자의 설계에 대해 기본적인 이론에서부터 실제 응용에 대해 소개한다. 형광 색소를 도핑함으로써 소자의 수명이 비약적으로 향상되는 것으로 알려져 있다. 이 경우 단순한 에너지 이동만으로 해석하는 것이 어려울 때가 있다. 이러한 사실은 게스트 분자가 모체(host) 내에서 캐리어의 트랩으로 작용함으로써 캐리어의 재결합 중심이 되어 직접 게스트 분자에서 여기자를 만들어 내기 때문이다. 발광 기구 면에서 게스트 분자의 도핑은 발광층의 형광 양자 수율뿐만 아니라 캐리어 재결합의 확률에도 크게 기여하고 있다.

본 장에서는 우선 여기 에너지 이동에 대한 이론을 설명하고 실제로 몇몇 모체–게스트계열 유기 증착막에 있어서 절대 형광 양자 수율의 측정 결과를 소개한다. 마지막으로 캐리어 트랩 기구에 기초한 내구성의 향상에 대해 설명한다.

1 ▶▶▶ 정공 수송 재료

매우 많은 정공 수송 재료가 보고되고 있으며 그 대부분이 방향족 아민이다. 코닥사가 초기에 보고한 재료는 트리페닐아민(TPA)을 시클로헥실로 결합한 재료(TAPC)이었다(그림 6.1). 그 후 가장 많이 활용된 정공 수송 재료는 앞에서 설명한 트리페닐아민 이량체(TPD)로서 규슈대학의 연구 그룹으로부터 소개되어 세계적으로 널리 사용되었다.[1] 그러나 수명을 포함한 내구성의 면에서는 불충분한 특성을 나타내었다.

구동 전류의 줄 열(Joule Heat)에 의해 소자 온도가 상승하고 정공 수송층의 유리 전이 온도(T_g)에 근접하면 분자 운동이 활발하여 분자 간의 응집 현상에 의해 정공 수송층의 막 구조가 변화되거나 결정화가 일어난다. 박막 구조 변화는 소자에서 치명적이고, 전극 계면에서 접촉 불량 또는 박막 자체의 불균일화에 의해 구동 전압의 증가와 발광 휘도의 저하를 일으킨다.

TPD 박막 구조의 변화는 AFM 관찰 등으로 자세히 조사되고 있다.[2]

방향족 아민계 재료는 트리페닐 아민의 결합 구조에 따라 두 개의 페닐기가 비공역계로 결합된 알킬렌 결합형과 공역한 아릴렌 결합형, 여기에 페닐기를 공유한 페닐렌디아민형이 있다. 몇몇 정공 수송 재료의 분자 구조, T_g 및 이온화 퍼텐셜(I_p)을 그림 6.2에 정리하였다. 일본에서 가장 활발한 연구를 전개한 것은 오사카 대학 그룹으로 트리페닐아민을 기본으로 별 모양(star vast)으로 분자를 크게 한 m-MTDATA는 T_g가 75℃로 TPD보다 높다.[3] star vast계 중에는 T_g가 100℃를 넘는 재료도 다수 합성되고 있다.[4] 또한 이러한 계통의 정공 수송 재료를 사용하여 유기 EL 소자의 내열성이 개선된 결과도 보고되고 있다. 코닥사의 그룹은 TPD의 페닐기 두 개를 나프틸기로 변화시킨 α-NPD를 보고하였으며 강직(剛直)한 나프틸기의 도입만으로 95℃의 T_g를 나타내고 있다. α-NPD는 TPD를 대체하여 널리 보급되었으며 실용화된 최초의 정공 수송 재료이다. 독특한 분자 구조로는 헥스터 그룹으로부터 스피로 결합을 이용한 극단적인 입체 장애에 의해 T_g를 높이는 시도가 이루어지고 있다.[5] 두 개의 TPD 구조를 스피로 결합한 스피로-TAD는 유리 전이 온도가 133℃, 나프틸화한 제품에서 특히 높은 값을 달성하고 있다. 이 경우 TPD 단위는 완전하게 직교한 입체 구조로 되어 있다.

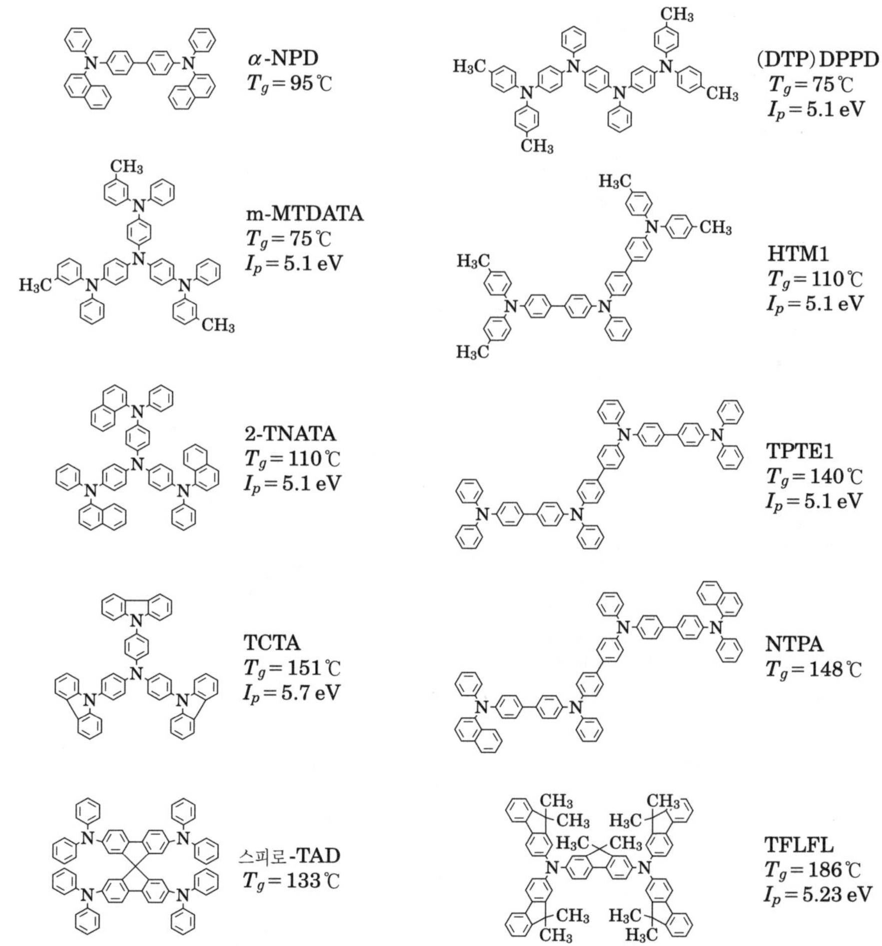

TAPC
$T_g = 78\,℃$
$I_p = 5.8\,eV$

TPD
$T_g = 60\,℃$
$I_p = 5.4\,eV$

그림 6.1 코닥사와 규슈대학에서 보고한 정공 수송 재료

α-NPD
$T_g = 95\,℃$

(DTP)DPPD
$T_g = 75\,℃$
$I_p = 5.1\,eV$

m-MTDATA
$T_g = 75\,℃$
$I_p = 5.1\,eV$

HTM1
$T_g = 110\,℃$
$I_p = 5.1\,eV$

2-TNATA
$T_g = 110\,℃$
$I_p = 5.1\,eV$

TPTE1
$T_g = 140\,℃$
$I_p = 5.1\,eV$

TCTA
$T_g = 151\,℃$
$I_p = 5.7\,eV$

NTPA
$T_g = 148\,℃$

스피로-TAD
$T_g = 133\,℃$

TFLFL
$T_g = 186\,℃$
$I_p = 5.23\,eV$

그림 6.2 정공 수송 재료의 분자 구조와 유리 전이 온도(T_g) 및 이온화 퍼텐셜(I_p)

트리페닐아민을 다량화함으로써 T_g를 올리는 연구 결과가 보고되고 있다.[6] TPD 구조의 연장에서 페닐기의 파라(para) 위(位)에서 트리페닐아민을 직선적으로 연결한 3량체(TPTR)에서 95℃, 4량체(TPTE)에서 130℃, 5량체(TPPE)에서는 145℃의 매우 높은 T_g를 나타낸다.[7] 이러한 관계를 그림 6.3에서 보여 준다.

파라 위 연결 4량체의 끝단 페닐기를 강직한 나프틸기로 변환시킨 화합물(NTPA)에서는 148℃의 높은 T_g를 나타낸다. 또한 플루오렌 구조를 갖는 TFLEL에서는 186℃의 매우 높은 T_g도 보고되고 있다.[8]

트리페닐아민 구조가 본질적으로 우수한 정공 수송성을 갖는 사실은 오래 전부터 알려져 있으며 이 구조를 포함한 분자 구조인 경우는 대체로 정공 수송성을 갖추고 있는 것으로 판단된다[9][10]. 이들 정공 수송 재료가 어느 정도의 성능을 가지는가를 알아보기 위해 정공 이동도를 측정

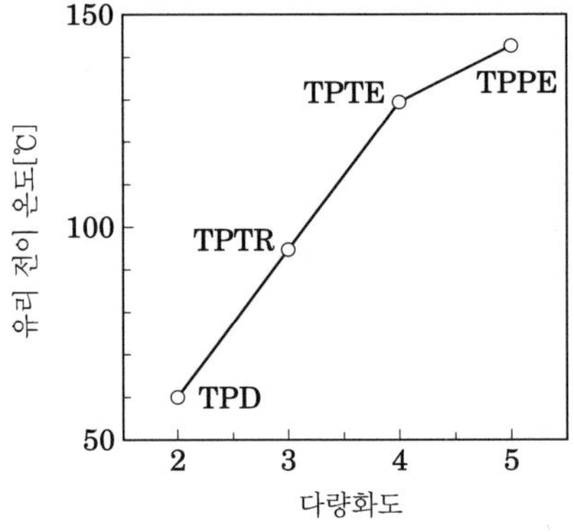

그림 6.3 트리페닐아민의 다량화 정도와 유리 전이 온도의 관계

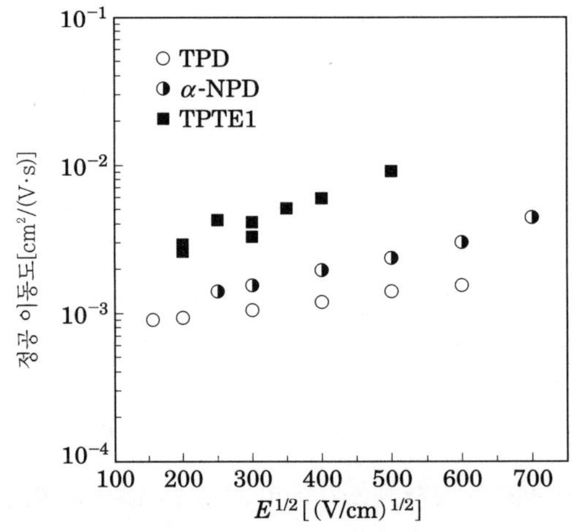

그림 6.4 Time Of Flight법으로 측정한 정공 수송 재료에 대한 이동도의 전계 강도 의존성

할 필요가 있다.

그림 6.4에 TOF(Time of Flight)법으로 측정한 몇몇 정공 수송 재료의 이동도를 보여 주고 있다. 어느 재료에서도 비분산형에 가까운 과도 광전류 파형이 관찰되었으며, 작은 범위지만 전계 강도 의존성을 보여 주고 있다.

전계 강도 10^5V/cm(수 V의 인가 전압에 해당)에서 비교하면 TPD에서는 1×10^{-3}cm^2/(V·s), α-NPD는 이보다 약간 높은 1.4×10^{-3}cm^2/(V·s)를 나타낸다.

TPTE1 재료에서는 4×10^{-3}cm^2/(V·s)의 값이 얻어졌으며 다량화에 의해 이동도가 약간 증가되는 결과를 나타내고 있다.

② ▶▶ 전자 수송 재료

전자 수송 재료 역시 많은 재료들이 보고되고 있다. 그중에서도 Alq$_3$는 다른 발광층과 조합하여 전자 수송층이나 전자 주입층으로도 자주 사용된다. Alq$_3$를 전자 수송층으로 사용하는 경우 Alq$_3$가 인접하는 발광 재료에 의해 발광층의 여기자가 Alq$_3$의 일중항 또는 삼중항으로 에너지가 이동하는 경우가 있다.

이 문제를 방지하기 위해 높은 여기 에너지를 갖는 여기자 저지층을 발광층과 Alq$_3$ 사이에 삽입하여 사용하는 경우가 많다(그림 2.10 참조). 예를 들어 1, 10-페난트로린 유도체인 BCP(Bathocuproine)와 Alq$_3$를 조합함으로써 발광층 내에 발생한 여기자가 Alq$_3$로 이동하는 것을 방지할 수가 있다. BCP는 정공 저지 특성도 갖추고 있어서 캐리어 재결합을 발광층 내에 가두어 두는 정공 저지층의 기능도 가지고 있다.

대표적인 전자 수송 재료를 그림 6.5에서 보여 주고 있다. Alq$_3$ 이외의 전자 수송 재료 중에서 옥사디아졸 유도체(tBu-PBD)는 전자 이동 특성이 우수하여 널리 사용된다.[11] tBu-PBD는 전자적인 특성은 우수하지만 결정화하기 쉬워서 박막의 안정성 면에서는 다소 문제가 있었다. 따라서 형상(morphology)의 안정성을 얻기 위해 옥사디아졸 유도체의 2량화[12] 또는 스타 바스트화[13]를 실시하여 안정한 비정질 박막을 성공적으로 얻고 있다. 옥사디아졸과 유사한 구조로서 트리아졸 유도체[14]가 알려져 있다.

또한 스타 바스트 구조의 페닐 키노키사린 유도체[15] 등도 보고되고 있다. 또는 치환기로서 니트로기[16], 시아노기[17], 카르보닐기[18]를 주 골격으로 도입하는 방법이 보고되고 있다. 다시 말해 여기에 보여 주는 전자 수송 재료의 구조적인 공통점은 전자 흡수성이 큰 치환기 또는 헤테로 방향 고리를 골격 구조로 하고 있다는 점이다. 이로 인해 전자 친화력이 증가하고 라디칼 음이온을 생성하기 쉬운 효과가 있다. 그렇지만 전자 흡인기의 도입은 큰 영구 쌍극자를 분자로 여기하여 에너지적인 변화를 발생시킨다.[19] 에너지 변화에 의해 트랩 준위가 형성되어 전자의 호핑 이동에 있어서 역(마이너스) 작용을 일으킨다.[20]

전자 흡인기를 도입하지 않고 전자 친화력을 크게 하는 방법으로 시롤 유도체가 제안되고 있다. 시롤은 시클로펜타디엔의 하나의 탄소가 실리콘에 의해 치환된 구조를 갖는 화합물이다. 시롤의 고리상에 실리콘의 σ^* 궤도와 탄소의 π^* 궤도가 공역으로 작용하여 큰 전자 친화력을 갖는 사실이 분자 궤도 계산으로부터 예측되었다.[21]

시롤 고리 자체는 거의 분극을 일으키지 않고 영구 쌍극자에 의해 에너지적인 변동은 발생하지 않는다. 특히 시롤의 라디칼 음극은 방향족성을 가지므로 전자 이동에 있어서 유리하게 작용하는 것으로 생각된다. 시롤 유도체의 전자 이동도가 TOF법에 의해 측정되어 Alq_3에 비해 10배 이상 큰 전자 이동도가 측정되었고, 동시에 전자 이동 과정은 트랩의 영향을 거의 받지 않는 것으로 알려져 있다.[22]

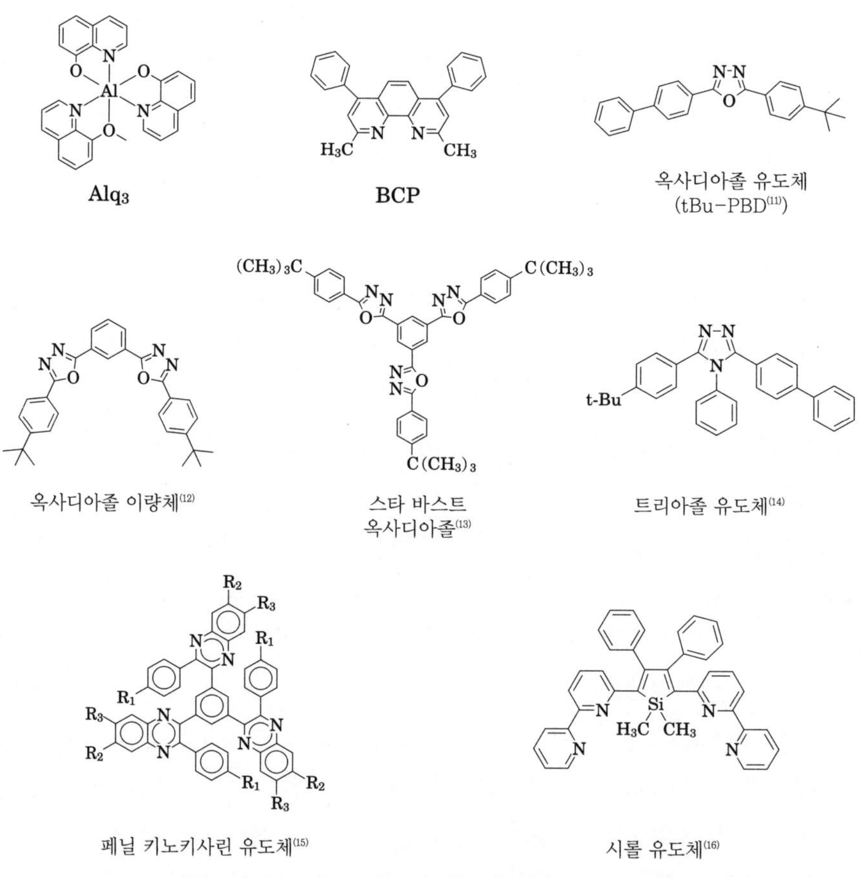

그림 6.5 유기 EL 소자에 사용되는 전자 수송 재료

 최근에 정공 수송성의 구조 단위로서 지금까지 인식되어온 카르바졸을 가지는 CBP가 전자 수송성(전자 이동도)을 나타내는 사실이 유기 EL 특성으로부터 밝혀졌다.[23] 앞으로 이동도의 측정 등 상세한 해석이 기대된다. 유기 EL에 사용되는 유기 반도체는 낮은 전계하에서 절연체와 같이 거동한다. 이는 우선 적절한 캐리어 주입이 일어나지 않기 때문이다. 그렇지만 캐리어가 주입되어도 이동도가 배우 작은 경우는 캐리어의 이동은 발생하지 않는다. 본질적으로 정공 이동도와 전자 이동도가 일어나고 적절한 전극 또는 캐리어 주입층과 조합함으로써 정공 주입과 전류 주입이 발생하여 전공 수송층과 전자 수송층 또는 양극성 수송층으로서 역할을 하게 된다.

3 ▶▶▶ 발광 재료

(a) 모체(host) 재료

 정공 수송층과 조합하여 가장 유망한 발광 재료는 알루미키노린 착체(Alq_3)이다. 그림 6.6에 지금까지 알려진 대표적인 발광 재료를 보여 준다. Alq_3는 전자 이동도가 정공 이동도보다도 크므로 정공 수송층과 조합한 경우에 유기 2층 계면에서 효과적으로 전자와 정공의 재결합이 일어나서 높은 발광 효율을 얻을 수 있다. 특히 $BeBq_2$(베릴륨 키노린 착체)[24] 또는 Almq(4-methyl-8-hydroxyquinoline)는 Alq_3보다 발광 특성이 우수한 것으로 보고되고 있다. 또한 청색 발광 재료로는 BAlq[26]가 보고되고 있고, 새로운 금속 착체 재료로서 히드록시페닐옥사졸 및 히드록시페닐디아졸(ZnPBO, ZnPBT)[27], 아조메틴 금속 착체[28] 등이 보고되고 있다. 금속 착체계 이외에도 비평면 구조를 갖는 디스티릴벤젠 유도체가 유용한 재료이다.

 벤젠 고리의 여러 위치에 치환기를 도입하여 발광색, 캐리어 수송 특성, 박막의 안정성에 관하여 검토하고 있다. 내구성을 겸비한 청색 발광층 재료로는 여러 DTVBi 유도체가 실용화에 이르고 있다.[29] 또한 전자 수송층과 조합한 경우는 DSB 유도체 등이 양호한 발광 특성을 나타내는 것으로 알려져 있다.[30]

 새로운 재료를 평가할 때 반드시 문제가 되는 것이 캐리어 수송층 계면에서 엑시플렉스(exciplex)의 생성이다. 다른 종류의 유기 물질을 접촉한 경우 반드시 어떠한 상호 작용이 일어난다고 볼 수 있다. 연구 결과로부터 이온화 퍼텐셜(IP)이 작은 HTL은 발광층과의 사이에 엑시플렉스를 형성하기 쉽다고 알려져 있다.[31] 최종적으로 메틸기의 삽입 등 치환기의 정밀한 조절이 EL 효율에 커다란 영향을 미친다.

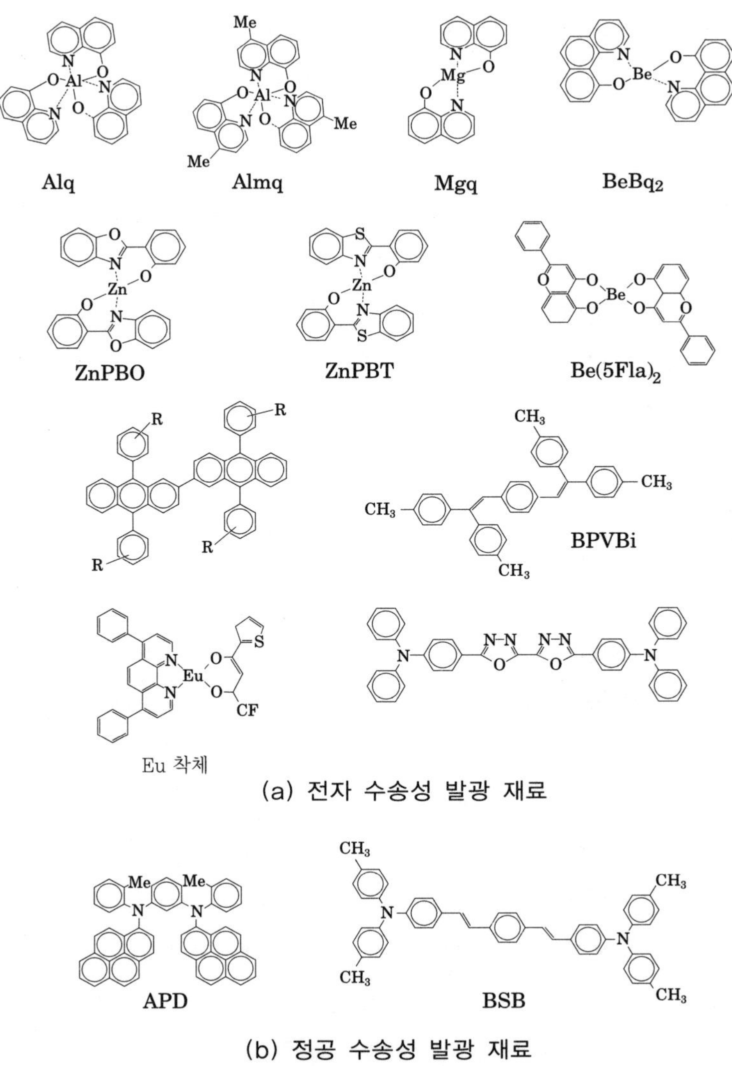

(a) 전자 수송성 발광 재료

(b) 정공 수송성 발광 재료

그림 6.6 전자 수송성 발광 재료 및 정공 수송성 발광 재료

(b) 게스트(guest) 재료

게스트 재료는 발광 효율의 향상뿐만 아니라 소자의 내구성에 커다란 영향을 미치는 중요한 재료이다.

그림 6.7에 대표적인 게스트 재료를 보여 준다. 유기 분자는 레이저 색소로 대표되는 것처럼 희박한 용액 중에서는 100%에 가까운 형광 양자 효율을 나타내는 물질이 많다. 이와 같이 형광 양자 효율이 큰 미량의 형광성 게스트를 캐리어 재결합 영역에 도핑하여 모체 분자상에 생성한 일중항 여기자로부터 에너지 이동에 의해 게스트 분자를 여기한다.

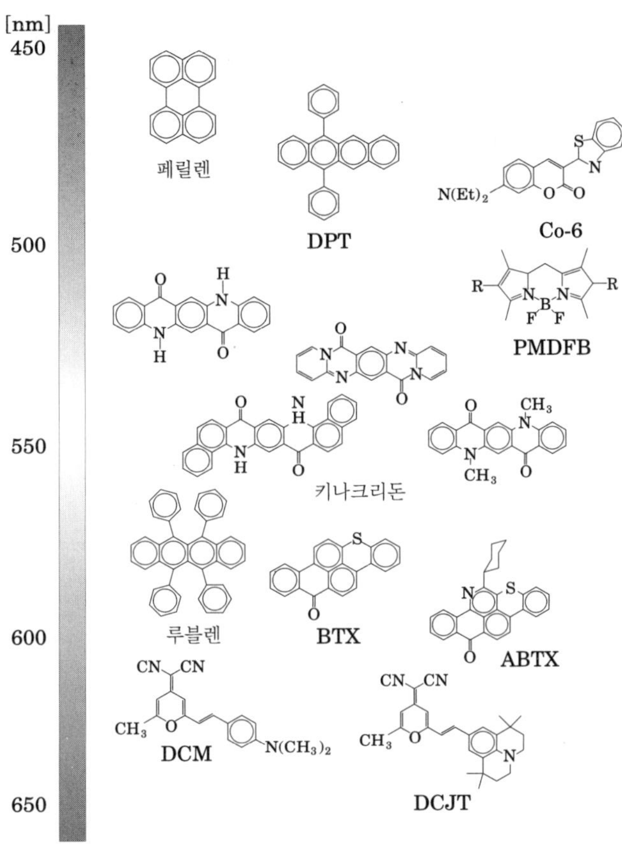

그림 6.7 형광 게스트 재료의 대표 예

또는 게스트 분자상에서 직접 캐리어의 트랩·재결합을 일으켜서 발광 효율의 대폭적인 개선이 가능하게 된다. 레이저 색소 재료로 알려져 있는 쿠마린 유도체[32], DCM[32], 키나크리돈[33], 루블렌[34] 등이 지금까지 Alq₃를 모체로 한 경우 발광 효율이 크게 향상되고 내구성이 개선되는 것으로 보고되고 있다.

④ ▸▸ 인광 재료

지금까지 알려진 인광(phosporescence) 유기 EL 재료를 그림 6.8에 나타내었다. 이리듐계를 중심으로 한 재료가 지금까지 보고되고 있다.[35] 배위자의 π전자계를 제어함으로써 청색에서 적색까지 여러 발광색이 얻어지고 있다. 대표적인 예로서 적색은 Btp₂Ir(acac),[35] 녹색은 Ir(ppy)₃[36]가 보고되고 있고 양쪽 재료 모두 비교적 양호한 CIE 색도가 얻어지고 있다. 그러나

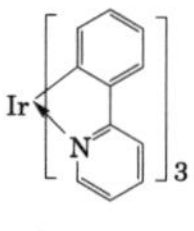

Ir(ppy)₃ 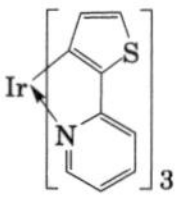 Ir(thpy)₃

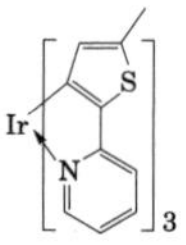

Ir(t5m-thpy)₃ 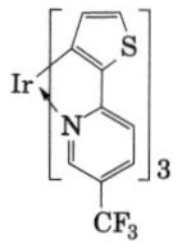 Ir(t-5CF₃-py)₃ 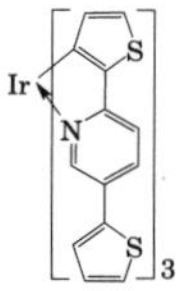 Ir(t-5t-py)₃ 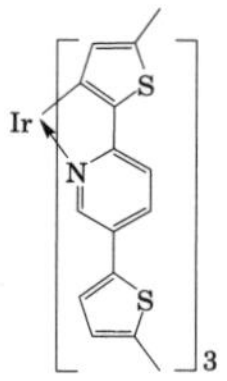 Ir(mt-5mt-py)₃ 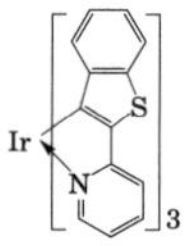 Ir(btpy)₃

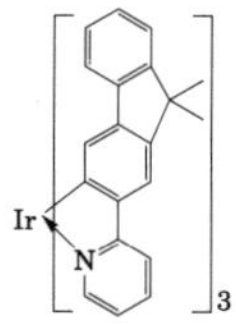

Ir(tflpy)₃ 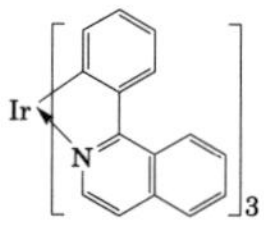 Ir(piq)₃ 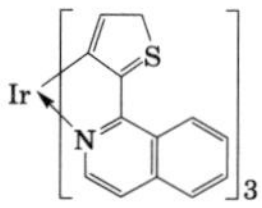 Ir(tiq)₃ 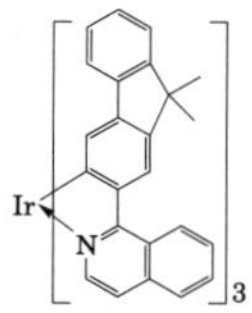 Ir(fliq)₃

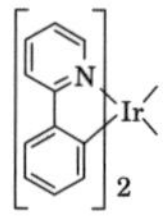

ppy 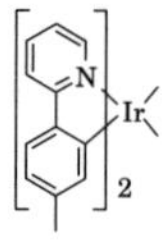 tpy 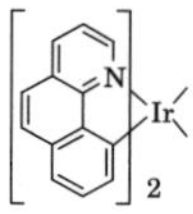 bzq 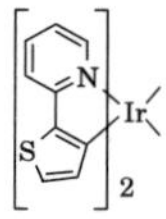 thp 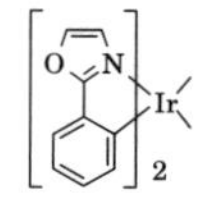 op

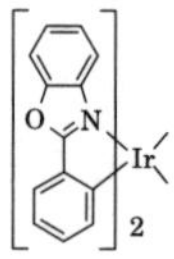

bo 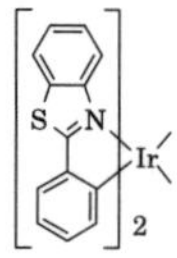 bt 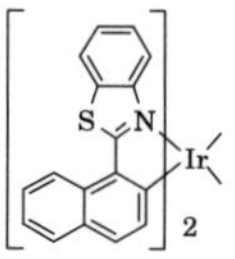 bon αbsn btp

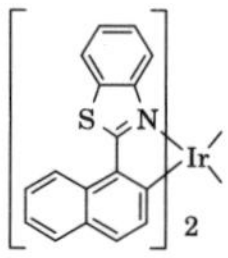

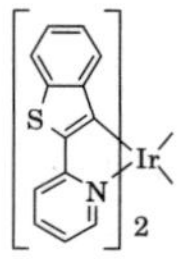

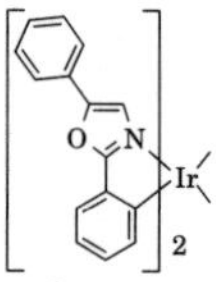

ppo 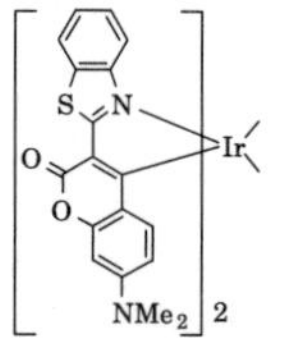 C6 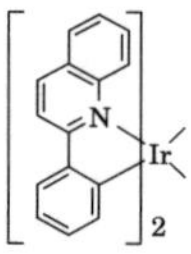 pq β-bsn 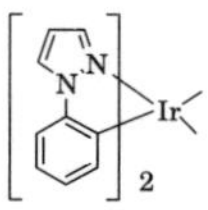 ppz

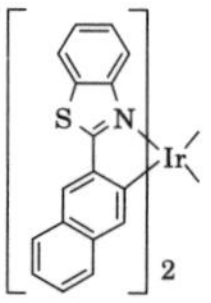

그림 6.8 인광 유기 EL 발광 재료

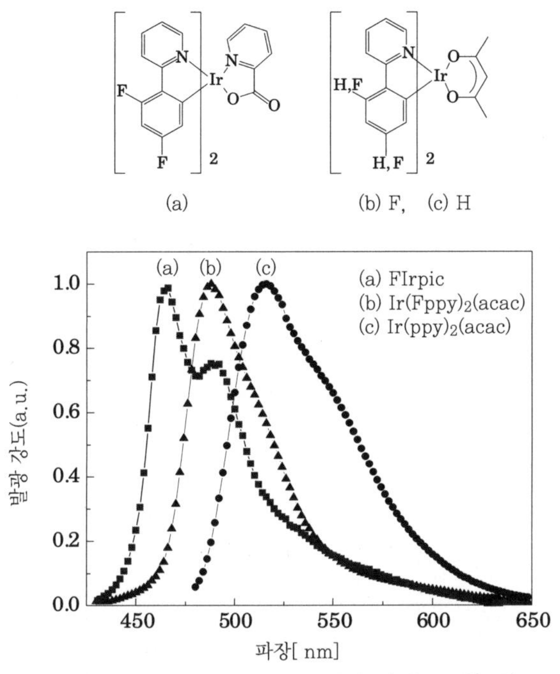

그림 6.9 FIrpic 유도체의 발광 스펙트럼

청색에 있어서는 아직 색도가 불충분하다(그림 6.9). FIrpic는 불소 치환기와 전자 흡인성의 피코린산을 첨가하여 청색 발광을 나타내는 인광 재료로 알려져[37] 있지만 아직 색도가 불충분하다. 현재 단파장을 나타내는 재료 개발이 진전되고 있으나[38] 청색 인광 발광을 실현하기 위해서는 에너지 밴드 갭이 큰 모체 재료의 탐색이 필요하다. Ir 화합물 이외에도 백금[39], 금[40], Osmium[41], Ru[42], Re[43] 착체 등이 알려져 있다. 그러나 Ir, Ru 착체 이외는 일반적으로 발광 강도가 약한 경향이 있다.

공역계 고분자의 가장 대표적인 재료가 폴리파라페닐렌비닐렌(PPV)이다. 초기의 고분자 EL 소자는 유기 용매에 녹는 전구체를 성막한 후 가열하여 PPV 박막을 얻었다. 그 후 페닐기에 긴 고리를 부가하여 용액으로부터 성막할 수 있게 되었다.[44] 대표적인 PPV 유도체를 그림 6.10에 보여 주고 있다.

녹색에서부터 오렌지 영역의 발광이 고효율로 실현되고 있다.[45] 고효율을 실현하기 위해서는 전극으로부터 전자와 정공의 주입을 용이하게 하여 캐리어 균형을 이루어야 한다. OC_1C_{10}-PPV 를 사용한 녹색 발광에서는 16 lm/W를 넘는 고효율이 보고되고 있다.[46] 고분자계에서 최초로 실용화된 황색 발광을 일으키는 재료가 PPV계이다. 그러나 이 PPV계에서는 분자 구조의 본질적인 문제가 있어 청색 발광을 실현하기가 어렵다.

청색 발광을 가능하게 한 재료가 플루오렌계 고분자이다. 폴리플루오렌은 열적, 화학적으로 안정하고 매우 높은 형광 양자 수율을 용액 또는 고체 상태에서 보여 준다. 플루오렌의 9위에 알킬 장쇄(長鎖)를 치환함으로써 유기 용매에 녹게 되며 이로 인해 성형성이 우수하다.

문헌 등에 보고되고 있는 분자 구조를 그림 6.11에 보여 준다. 케임브리지 디스플레이 테크놀로지(CDT)사의 연구 그룹이 이 폴리플루오렌계를 사용한 고분자 EL 소자에서 매우 큰 발광 효율을 보고하고 있다.[47]

폴리플루오렌계의 문제점으로는 구조에 기인한 액정성이다. 가열 또는 전계 인가에 의해 분자 쇄끼리 화합하여 그에 따라 발광(엑시머 발광)이 장파장 측으로 관찰된다.[48] 지금까지 보고 예를 보면 거의 모든 경우가 이 엑시머 발광이 관측되고 있다. 이러한 엑시머 발광은 저분자량의 성분이 열이나 전계에 의해 화합함으로써 발생하는 것으로 지적되고 있다.

실제로 20000 이하의 저분자량 성분을 제거한 후에 제작한 고분자 EL 소자에서 안정성이 크게 개선되었다고 보고하고 있다.[49] 현재는 중합 전의 단분자 순도를 크게 하는 방법으로 분자량을 올려서 평균 분자량 100만 정도가 합성되고 있다.

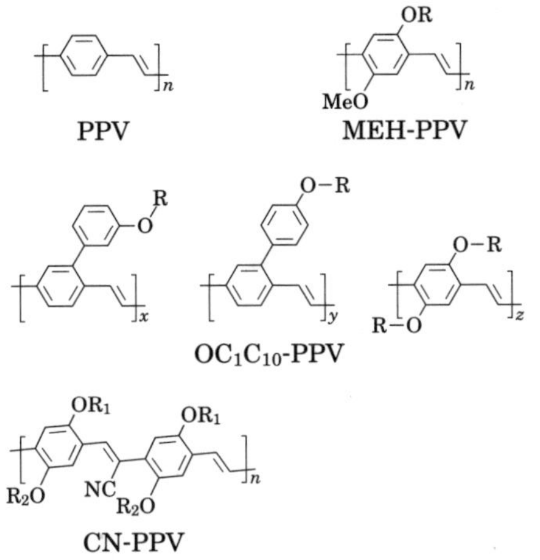

PPV　　　**MEH-PPV**

OC$_1$C$_{10}$-PPV

CN-PPV

그림 6.10 폴리파라페닐렌비닐렌 유도체의 분자 구조

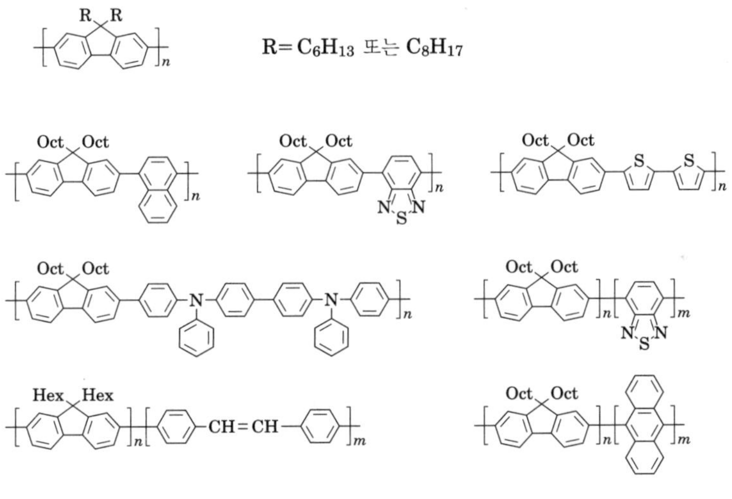

R= C$_6$H$_{13}$ 또는 C$_8$H$_{17}$

그림 6.11 폴리플루오렌 유도체의 분자 구조

　폴리플루오렌에서 청색 이외의 발광색을 얻기 위해서는 다른 화학 단위 구조를 도입할 필요가 있다. 그림 6.10에서와 같이 티오펜, 벤지티아지졸 또는 아센 단위와의 공중합이 있다. 여기서 아센 단위의 도입 효과를 소개한다.[50]

　표 6.1에 3종류(안트라센, 나프타센, 펜타센)의 아센 단위를 도입한 공중합 고분자를 나타내고 있다. 이 경우 발광은 플루오렌 주쇄(사슬) 구조에서가 아닌 수 %의 농도로 도입한 아센 단위로부터 일어난다.

　이 경우의 발광 메커니즘은 폴리플루오렌에서 아센 단위로 에너지 이동 또는 아센 단위에서 캐리어의 직접 재결합에 의해 발광한다. 또한 아센 단위는 엑시머의 억제에도 효과적이다. 이들

표 6.1 아센 단위를 도입한 폴리플루오렌 유도체

공중합 고분자	분자 구조	발광 피크 파장 [nm]
PADOF		435
PNDOF		525
PPDOF		625

[주] $n : m = 9 : 1$

아센 단위는 입체 장해에 의해 플루오렌 단위 면에서 뒤틀린 배치(약 60°)가 되고 이 뒤틀림에 의해 아센 단위는 전자적으로 폴리플루오렌 사슬로부터 고립된 성태가 된다. 이는 폴리플루오렌 박막 중에 아센 분자가 도핑되어 있는 상태와 유사하다.

이들 공중합체 박막의 형광 스펙트럼은 PADOF에서 435nm, PNDOF에서 525nm, PPDOF에서 625nm의 피크를 나타내는 매우 색 순도가 양호한 이상적인 RGB의 발광이 실현 가능하다. 발광의 외부 양자 효율은 1% 정도가 얻어진다.

6-3 전극 재료

유기 EL 소자의 전극은 기판 측의 양극과 소자 상부의 음극 2종류이며 일반적으로 양극은 투명 도전 재료, 음극은 금속 재료를 사용한다. 양극의 역할은 정공을 정공 주입층과 정공 수송층 등 유기층에 주입하는 역할을 하며 일함수(work function)가 큰 물질이 요구된다. 반대로, 음극은 전자를 유기층에 주입하기 위해 일함수가 작은 물질이 바람직하다.

양극 재료로 사용되는 투명 재료는 오래 전부터 알려진 산화주석(SnO_2), 알루미늄 도핑된 산화아연(ZnO : Al), 인듐주석 산화물(ITO : Indium Tin Oxide)과 최근에 주목받고 있는 인듐산화아연 (In_2O_3-ZnO (IZO)) 등이 있다.[51]

현재로는 도전성, 광 투과성, 에칭 가공성 등을 고려할 때 ITO가 가장 현실적인 양극 재료로 알려져 있다. ITO는 액정 디스플레이와 무기 박막 EL에서 오랜 실적이 있으며 저항률은 $1\sim2\times10^{-4}\ \Omega\cdot cm$, 박막 두께가 약 150nm인 경우 표면 저항은 약 10 Ω /□, 광 투과율 90% 이상으로 상용화되어 있다. ITO의 일함수는 4.6~5.0 eV 정도로 정공 수송 재료의 HOMO 준위(5.0~5.5 eV)와 비슷하기 때문에 정공 주입에 적합한 재료이다. ITO 성막은 300℃ 정도의 기판 온도에서 스패터링법 또는 이온 플레이팅법이 사용된다. 일반적으로 ITO 막 표면은 결정립 성장에 의해 수 nm 정도의 요철(凹凸)이 관찰된다.

이 표면 상태는 성막 시의 가스의 종류 또는 가스 압력에 의해 변화된다. 유기 EL 소자의 유기층 두께는 모두 약 100nm 정도이므로 ITO 표면은 매우 평탄한 상태가 바람직하다. 특히 ITO 기판 위에 돌출부가 존재하거나 성막 시에 부착되는 클러스터상의 이물질이 있을 경우 그 부분에서 소자가 단락되는 현상이 나타날 수도 있다. 도전성과 투명성뿐만 아니라 표면의 평탄성에도 주의하여 성막되어야 한다.

단락 등의 문제를 피하기 위해 표면 연마가 실시되는 경우도 있다. ITO 일함수 역시 성막 조건 또는 주석 함유량에 따라 변화하는 것으로 보고되고 있으나 아직 명확하게 밝혀진 것은 없다. IZO는 소결체를 이용한 스패터링법으로 성막하여 $3\times10^{-4}\ \Omega\cdot cm$의 저항률을 나타낸다.

실온에서 350℃의 기판 온도 저항률은 거의 변화하지 않고 막은 비정질 구조를 하고 있다. 실온 성막에서 비교한 경우 ITO 전극 재료의 저항률보다 작다. 이 때문에 다음 장에서 설명하는 상부 발광(Top Emission) 구조의 상부 전극으로 기대되고 있다.

음극에는 유기층으로 전자 주입을 용이하게 하기 위해 일함수가 작은 금속이 사용된다. 유기 EL 연구의 초기에는 코닥사에서 제안한 Mg-Al(비율 9 : 1) 합금이 널리 사용되었다. Mg 단독으로는 화학적으로 불안정하지만 합금화함으로써 안정화된다. 이 외에도 Mg과 In 합금의 MgIn(비율 9 : 1)도 음극 재료로 사용된다.[52]

이들 합금은 두 성분의 증착 속도 비율을 제어한 동시 증착으로 유기층 위에 형성한다. 특히 전자 주입을 개선하기 위해 알칼리 금속을 사용하는 방법을 생각할 수 있다. 예를 들어 Li을 1% 이하의 농도로 도핑한 Al-Li 합금도 음극으로 사용된다. 그러나 전극의 안정성으로 볼 때 Al 금속을 단독으로 사용하는 것이 바람직하다. 최근에는 매우 얇은 계면층과 Al 전극을 조합하여 사용한 경우가 많으며 계면층에는 알카리 금속 또는 알칼리토류 금속 산화물, 불화물 등이 사용된다. 표 6.2에 그 예들을 보여 주고 있다.

계면층의 두께는 1nm 정도로 매우 얇고 그 위에 Al을 150nm 정도로 형성한다. 가장 일반적으로 LiF(0.5nm)/Al(150nm)를 들 수 있으며 거의 모든 저분자 유기 EL 소자에 사용되고 있다.[53], [54] 이 계면층의 효과에 대해서는 X선 광전자 분광법(XPS) 또는 진공자 외 광전자 분광법(UPS)을 사용한 전자 구조 및 조성 분석 연구가 이루어지고 있으나 아직 충분한 해명에는 이르지 못하고 있다.[55]~[57]

현재 전기 2중층 형성에 의해 진공 준위가 이동하여 실질적인 에너지 장벽을 낮추거나 이탈한 Li이 유기층으로 확산하여 반응층을 형성함으로써 전자 주입을 촉진시키는 메커니즘이 고려되고 있다. 한편 고분자 EL 소자의 경우는 매우 활성적인 Ca, Ba 또는 Cs 등의 알칼리토류 금속을 직접 계면층으로 사용하는 경우가 일반적이다.[58]

두께는 수 nm 정도이며 저분자 EL 소자의 계면층보다도 두껍다. 계면에서는 고분자층과의 반응층이 형성된다고 생각한다. 또한 LiF를 알칼리토류 금속 앞 층에 구성한 LiF/Ca/Al 구성으로 된 음극도 고분자 EL 소자에는 사용되고 있다.[59]

표 6.2 전자 주입용 계면층 및 음극용 재료

소자	계면층	음극
저분자 EL 소자	−	MgAg
	−	MgIn
	LiF	Al
	Li_2O_3	Al
고분자 EL 소자	Ca	Al
	Ba	Al
	Cs	Al
	LiF/Ca	Al

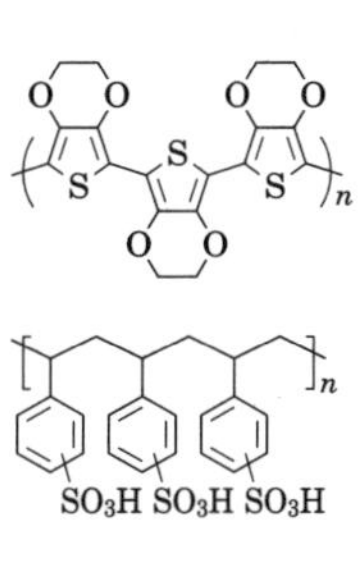

PEDOT : PSS

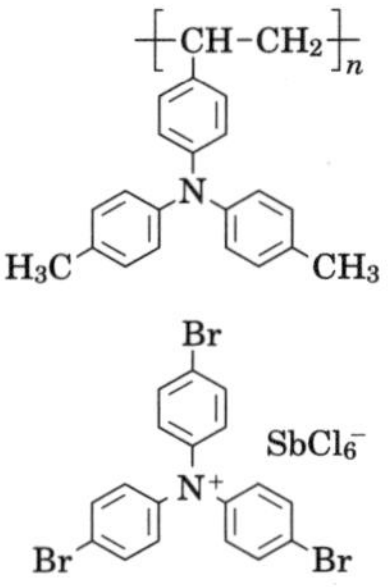

PVPTA2 : TBPAH

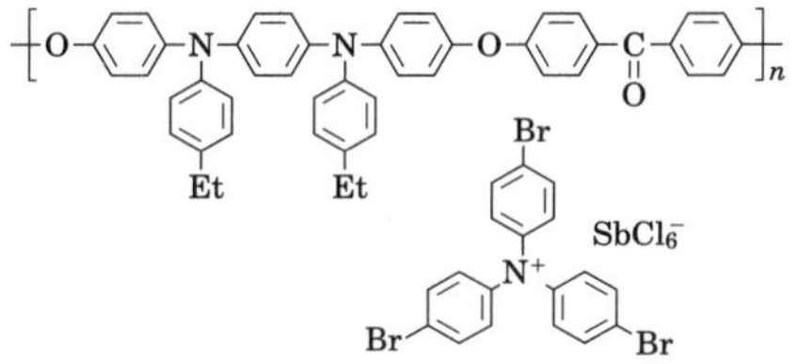

Et-PTPDEK : TBPAH

그림 6.12 정공 주입 재료로서 공액계 고분자(PEDOT : PSS)와 비공액계 고분자(PVPTA2 : TBPAH 등)의 분자 구조

유기/음극의 계면을 전자적으로 제어함으로써 전자 주입을 개선시킨 연구 예가 있다. 큰 쌍극자 모멘트를 가지는 유기 분자를 계면에 배열하여 전기 2중층을 형성시켜 에너지 장벽을 낮추는 결과를 보고하고 있다.[60] 흥미로운 전극 구조로는 유기 재료와 활성 금속을 동시 증착하여 형성된 혼합층을 계면층으로 사용한 예이다.

예를 들어 Alq_3와 Ca 또는 바소크프로인(BCP)과 Ca 또는 BCP와 Cs를 1 : 1로 동시 증착함으로써 소자의 구동 전압을 낮출 수 있다.[61] 이와 같은 혼합층의 형성은 전극으로부터의 전자 주입 효율을 향상시키는 유효한 방법이라 할 수 있다. 높은 도전성을 갖는 고분자 재료를 양극 측에 사용하여 정공 주입 효율을 개선할 수 있다. 지금까지 보고된 예를 그림 6.12에서 보여 준다.

가장 대표적인 재료는 도전성 고분자의 PEDOT : PSS이다.[62] 이것은 폴리티오펜 유도체에 폴리에테르술폰산을 도핑한 혼합체로서 수용성이다. 수용성 현탁액이면서 스핀 코팅법으로도 균일한 박막을 기판 위에 형성할 수 있다. 일함수는 5.1 eV 정도이다.

폴리플루오렌을 발광층으로 사용한 고분자 EL 소자의 경우, 폴리플루오렌의 HOMO 준위가 높기 때문에 ITO로부터 정공 주입이 어렵지만, 이 PEDT : PSS층을 ITO 전극과의 사이에 형성함으로써 전위가 단계적으로 되어 정공 주입이 쉽게 이루어진다.

이외에 비공역계 고분자로 도전성을 부여한 계도 역시 정공 주입층으로 사용되며 트리페닐아민을 측쇄로 갖는 비닐 고분자와 억셉터 분자를 도핑한 PVTPA2 : TBPAH 재료이다.[63] 이와 같은 정공 주입층은 정공 주입을 개선하여 저전압화를 가져올 뿐만 아니라 ITO 표면을 평탄화하여 단락 등의 결함을 감소시키는 효과도 있다.

참고 문헌

(1) C.Adachi, T.Tsutsui and S.Saito : Appl.Phys.Lett.,55,p.1489 (1989)

(2) E.Han, L.M.Do, Y.Niidome and M.Fujihira : Chem.Lett.,p.969 (1994)

(3) Y.Shirota, T.Noda and H.Ogawa : Proc. of SPIE,3797,p.158 (1999)

(4) Y.Kuwabara, H.Ogawa, H.Inada, N.Noma and Y.Shirota : Adv.Mater.,6, p.677 (1994)

(5) J.Salbeck, N.Yu, J.Bauer, F.Weissortel and H.Bestgen : Synth.Met.,91,p.209 (1997)

(6) H.Tanaka, S.Tokito, Y.Taga and A.Okada : Chem.Commun.,p.2175 (1996)

(7) S.Tokito, H.Tanaka, K.Noda, A.Okada and Y.Taga : IEEE Trans.Electron Dev.,44,p.1239 (1997)

(8) 伊藤祐一 : 응용물리학회 유기분자 · 바이오일렉트로닉스분과회 회지, 11,1, p.32 (2000)

(9) M.Stolka, J.F.Yanus and D.M.Pai : J.Phys.Chem.,88,p.4707 (1984)

(10) M.Abkowitz and D.M.Pai : Phil.Mag.B,53,p.193 (1986)

(11) C.Adachi, T.Tsutsui and S.Saito : Appl.Phys.Lett.,56, p.799 (1990)

(12) Y.Hamada, C.Adachi, T.Tsutsui and S.Saito : Jpn.J.Appl.Phys.,31,p.1812 (1992)

(13) J.Bettenhausen, P.Strohriegl, W.Brutting, H.Tokuhisa and T.Tsutsui : J.Appl. Phys.,82,p. 4957 (1997)

(14) J.Kido, C.Ohtaki, K.Hongawa, K.Okuyama and K.Nagai : Jpn.J.Appl.Phys.,32, p.L917 (1993)

(15) M.Redecker, D.D.C.Bradley, M.Jandke and P.Strrohriegl : Appl.Phys.Lett.,75, p.109 (1999)

(16) W.D.Gill : J.Appl.Phys.,43,p.5033 (1972)

(17) N.C.Greenham, S.C.Moratti, D.D.C.Bradley, R.H.Friend and A.B.Holmes Nature,365,p.628 (1993)

(18) Y.Yamaguchi and M.Yokoyama : J.Appl.Phys.,70,p.3726 (1991)

(19) P.M.Borsenberger and H.B?sler : J.Chem.Phys.,95,p.5327 (1991)

(20) P.M.Borsenberger, W.T.Grauenbrau and E.H.Magin : Phys.Stat.Sol.B,190, p.555 (1995)

(21) K.Tamao, M.Uchida, T.Izumizawa, K.Furukawa and S.Yamaguchi : J.Am. Chem.Soc.,118,p. 11974 (1996)

(22) H.Murata, G.G.Malloaras, M.Uchida, Y.Shen and Z.H.Kafafi : Chem.Phys., 339,p.161 (2001)

(23) C.Adachi, M.A.Baldo, R.Kwong and S.R.Forrest : Org.Electr.,2,p.37 (2001) (24) Y.Hamada, T.Sano, M.Fujita, T.Fujii, Y.Nishio and K.Shibata : Chem.Lett., p.905 (1993)

(25) 城戸淳二, 飯泉安廣 : 제 58회 응용물리학회 학술강연회 子稿集,P.1188 (3p-ZQ-7) (1997)

(26) S.A.Vanslyke, P.S.Bryan and C.W.Tang : Inorganic and organic electroluminescence/EL96, Berlin,p.195 (1996)

(27) N.Nakamura, S.Wakabayashi, K.Miyairi and T.Fujii : Chem.Lett.,p.1741 (1994)

(28) 浜田祐次, 佐野健志, 藤田政則, 西尾佳高, 柴田賢一 : 일본화학회지,7,p.879 (1993)

(29) E.Aminaka, T.Tsutsui and S.Saito : J.Appl.Phys.,79,p.8808 (1996)

(30) C.Adachi, K.Nagai and N.Tamoto : Jpn.J.Appl.Phys.,35,p.4819 (1996)

(31) N.Tamoto, C.Adachi and K.Nagai : Chem.Mater.,9,p.1077 (1997)

(32) C.W.Tang, S.A.Vanslyke and C.H.Chen : J.Appl.Phys.,65,p.3610 (1989)

(33) T.Wakimoto, Y.Yoneyama J.Funaki, M.Tsuchida, R.Murayama, H.Nakada, H. Matsumoto, S.Yamamura and M.Nomura : ICEL, Abstracts (KitaKyushu),p.4 (1997); H.Nakada and T.Tohma : Inorganic and organic electroIuminescence/EL 96,Berlin,p.385 (1996) ; C.W. Tang : SID 96 Digest,p.181 (1996) ; J.Shi and C.W. Tang : Appl.Phys.Lett.,70,p.1665 (1997)

(34) T.Sano, Y.Hamada and K.Shibata : Inorganic and organic electrolumine scence/EL96, Berlin,p.249 (1996) : Y.Hamada, T.Sano, K.Shibata and K.Kuroki : Jpn.J. Appl.Phys.,34,p. L824 (1995) : G.Sakamoto, C.Adachi, T.Koyama, Y. Taniguchi, C.D.Merritt, H.Murata and Z.H.Kafafi, Appl.Phys.Lett.,75,p.766 (1999)

(35) S.Lamansky, P.Djurovich, D.Murphy, F.Abdel-Razzaq, C.Adachi, P.E. Burrows, S.R.Forrest and M.E.Thompson : J.Am.Chem.soc.,123, p.4303 (2001)

(36) C.Adachi, M.A.Baldo, S.R.Forrest and M.E.Thompson : Appl.Phys.Lett.,77,p. 904 (2000)

(37) C.Adachi, Raymond C.Kwong, P.Djurovich, V.Adamovich,M.A.Baldo, M.E. Thompson and S.R.Forrest : Appl. Phys. Lett.,79,p.2082 (2001)

(38) R.J.Homes, S.R.Forrest, Y.-J.Tung, R.C.Kwong, J.J.Brown, S.Garon, and M.E.Thompson : Appl. Phys. Lett,82, p.2422 (2003)

(39) V.Adamovich, J.Brooks, A.Tamayo, A.M.Alexander, P.I.Djurovich, B.W. D'Andrade, C.Adachi, S.R.Forrest, and M.E.Thompson : NEW J.Chem.,26,p.1171 (2002)

(40) K.A.Barakat, T.R.Cundari and M.A.Omary : J.Am.Chem.Soc.,125,p.14228 (2003)

(41) B.Carlson, G.D.Phelan, J.H.Kim, A.K.Y.Jen and L.Dalton : Proc. SPIE Int. Soc.Opt.Eng., 5214,p.328 (2004)

(42) F.G.Gao and A.J.Bard : J.Am.Chem.Soc.,122,p.7426 (2000)

(43) F.Li, M.Zhang, G.Cheng, J.Feng, Y.Zhao, Y.Ma, S.Liu, and J.Shen : Appl. Phys.Lett.,84,p. 148 (2004)

(44) J.H.Burroughes, D.D.C.Bradley, A.R.Brown, R.N.Marks, K.Mackay, R.H. Friend, P.L.Burns and A.B.Holmes : Nature,347,p.539 (1990)

(45) G.Gustafsson, Y.Cao, G.M.Treacy, F.Klavetter, N.Colaneri and A.J. Heeger Nature.,357,p.

477 (1992)

(46) H.Spreizer, H.Becker, E.Kluge, W.Krender, H.Schenk, R.Demandt and H. Schoo : Adv.Mater.,10,p.1340 (1998)

(47) T.Shimoda, M.Kimura, S.Miyashita, R.H.Friend, J.H.Burroughes and C.R. Towns : SID99 DIGEST,p.372 (1999)

(48) W.-L.Yu, Y.Cao, J.Pei, W.Huang and A.J.Heeger : Appl. Phys. Lett.,75,p.3270 (1999)

(49) K.-H.Weinfrutner, H.Fujikawa, S.Tokito and Y.Taga : Appl. Phys. Lett., 76, p.2502 (2000)

(50) 時任靜士, カール.H.ワインフルトナー, 藤川久喜, 多賀康訓 : 월간디스플레이, 9월호, p.26 (2000)

(51) 일본학술진흥회 투명산화물 광·전자재료 166 위원회 : 투명 도전막의 기술, 옴사 (1999)

(52) 浜田祐次, 佐野健志, 藤田政行, 藤井考則, 西尾佳高, 柴田賢一 : 일본화학회지,7, p.879 (1993)

(53) C.W.Tang and S.A.VanSlyke : Appl.Phys,Lett.,51,p.913 (1987)

(54) T.Wakimoto, et al. : IEEE Transaction Electron Devices,44, p.1245 (1997)

(55) H.Ishii, K.Sugiyama, E.Ito and K.Seki : Adv.Mater.,11,p.605 (1999)

(56) A.Rajagopal, C.I.Wu and A.Kahn : J.Appl.Phys,83,p.2649 (1998)

(57) R.Schlaf, B.A.Parkinson P.A.Lee, K.W.Nebesny, G.Jabbour, B.Kippelen, N.Peyghambarian and N.R.Armstrong : J.Appl.Phys.,84,p.6729 (1998)

(58) P.K.Ho, J.-S.Kim, J.H.Burroughes, H.Becker, S.F.Y.Li, T.M.Brown, F. Cacialli andR.H. Friend : Nature, 404, p.481 (2000)

(59) T.M. Brown, R.H.Friend, I.S.Millard, D.J.Lacey, J.H.Burroughes and F. Cacialli Appl.Phys. Lett.,79,p.174 (2001)

(60) C. Ganzorig, K.-J.Kwak, K.Yagi, and M.Fujihira : Appl. Phys. Lett. 79, p.272 (2001)

(61) J.Kido and T.Matsumoto : Appl.Phys.Lett.,73,p.2866 (1998)

(62) A.Elschner, F.Bruder, H.-W.Heuer, F.Jona, A. Karbach, S.Kirchmeyer, S. Thurm and R.Wehrmann : Synthetic Metals,111-112, p.139 (2000)

(63) 佐藤佳晴 : 유기 EL 재료와 디스플레이(城戶淳二 감수), CMC,p.258 (2001)

07

유기 EL 디스플레이

유기 EL 디스플레이의 개발

영상을 표현하는 유기 EL 디스플레이는 R, G, B의 화소(pixel)를 수십 μm 크기로 순차적으로 나열하여 패널로 제작하게 된다. 본 장에서는 유기 EL 디스플레이 패널의 기본 구조와 화소 형성 방법에 대해 설명한다. 그리고 디스플레이의 구동 방법으로 화소를 순차적으로 구동하는 수동형과 트랜지스터를 이용한 능동형 구동에 대해 구분하여 설명한다. 저분자 유기 EL 디스플레이의 제조 공정과 제조 시 문제가 될 수 있는 항목들에 대해 간략히 살펴본다. 또한 고분자 유기 EL 디스플레이의 제조 방법에 대해 설명하고 있다. 마지막으로 유기 EL 디스플레이의 시간에 따른 특성 변화와 장수명화를 위한 기술에 대해 간략히 소개한다.

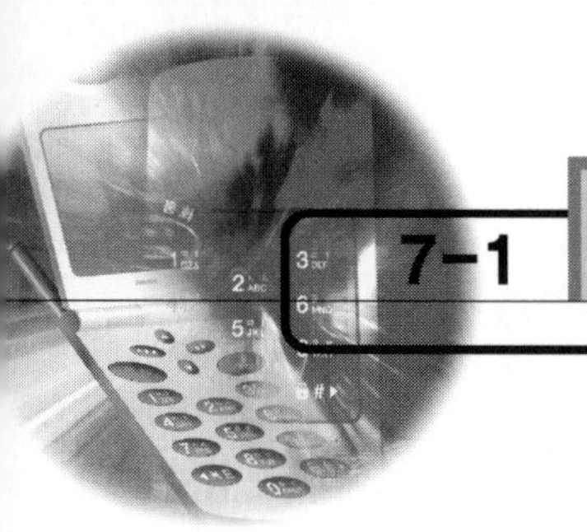

디스플레이의 구조와 구동법

1 ▶▶▶ 디스플레이 패널의 기본 구조

컬러 영상을 표시하는 유기 EL 디스플레이는 3원색(RGB)의 유기 EL 소자(화소)를 순서에 따라 유리 기판상에 나열한 구조이며 각각의 유기 EL 소자가 서브픽셀(sub pixel)이 된다. 서브픽셀의 크기는 디스플레이 크기와 용도에 따라 다르지만 보통 수십~수백 μm 정도이다. 그림 7.1에 RGB 서브픽셀이 일정 위치로 배열된 구조를 보여 준다. 각 화소의 양극과 음극 라인은 가로와 세로로 서로 직교하고 있다. 이러한 교차점의 서브픽셀을 선택적으로 발광시켜 디스플레이상에 영상을 표시하게 된다.

RGB의 유기 EL 화소를 기판 위에 형성하는 방법으로는 그림 7.2에 보여 주는 몇 가지 방식이 제안되고 있다.[1] 3원색의 발광 재료를 각각 독립적으로 도포하여 분리하는 방법(그림 (a), 백색 발광을 실현하고 그것을 컬러 필터에 통과시켜 삼원색으로 분리하는 방식(b), 청색 발생으로부터 형광체의 색 변환층 (CCM)을 통하여 녹색과 적색을 구현하는 방법(그림 (c))이다.

RGB 분리 도포 방식은 각각의 유기 EL 소자 성능을 최대화하기 위해 가장 유망한 방식으로 알려져 있다. 그러나 개별적으로 분리하기가 어렵고 RGB의 소자 수명이 서로 차이가 나서 색 조화가 나빠지는 과제를 안고 있다. 한편 그림 (b), (c)는 발광층을 개별적으로 형성할 필요 없이, 백색 또는 청색 발광층을 디스플레이 전면에 형성하면 유기 EL 소자 제작이 가능하다. 제조가 간단하기 때문에 저비용화가 기대되며 고정세화(高精細化)에도 유리하다.

특히 그림 (b)의 방식은 액정 디스플레이 기술로 이미 확립되어 있는 컬러 필터 형성 기술을

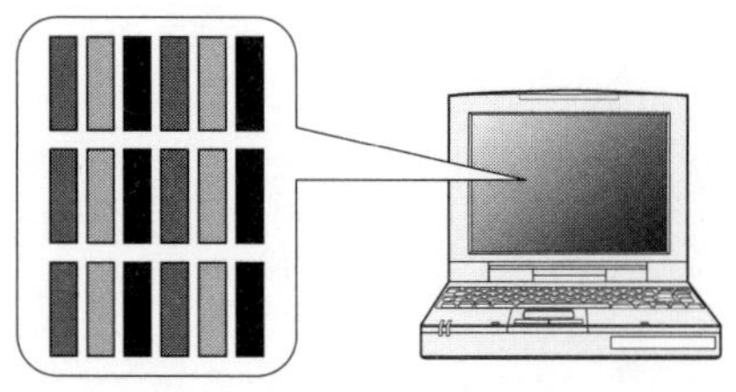

그림 7.1 디스플레이의 RGB 화소(서브픽셀) 배치

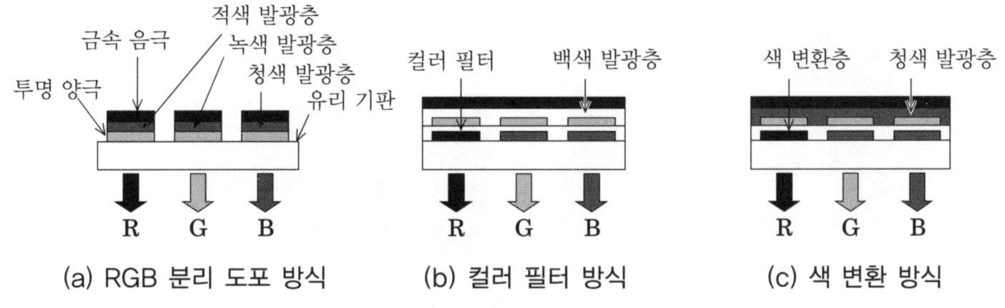

그림 7.2 풀컬러화를 위한 RGB 화소 형성 방법

활용할 수 있다. 그러나 색 변환층이나 컬러 필터에서 광 손실이 발생하기 때문에 발생한 빛의 이용 효율이 저하되는 문제점이 있다. 지금까지 제작된 풀컬러 디스플레이는 그림 (a)의 3색 분리 도포 방식이 주류를 이루고 있으나, 최근 저분자 EL 소자의 디스플레이 시작품으로는 그림 (b)의 방법이 증가하고 있다. 특히 소형 디스플레이에서 200ppi 수준의 고정세(高情細)를 실현하고자 하는 경우 RGB 분리 도포 방법은 현실적으로 사용되지 않을 가능성이 있다.

유기 EL 디스플레이에서 고정세 표시를 하고자 할 경우, $X-Y$ 교점의 화소를 점등시키는 '매트릭스(matrix) 구동법'이 유일한 방법이다. 매트릭스 구동법에는 액정 디스플레이와 같이 수동(passive) 매트릭스 방식과 능동(active) 매트릭스 방식이 있다.

두 경우의 디스플레이에 대한 개괄적인 모식도를 그림 7.3에서 보여 주고 있다. 수동 매트릭스형은 가장 단순한 디스플레이이며 수직 라인과 수평 라인의 교차점이 선택 화소가 된다. 능동

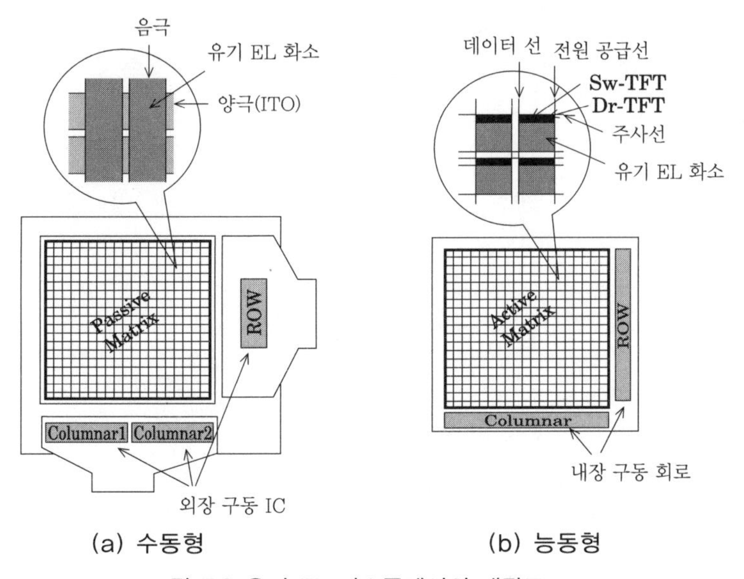

그림 7.3 유기 EL 디스플레이의 개관도

그림 7.4 풀컬러 유기 EL 디스플레이 : 5.2인치 VGA

(사진 제공 : 파이오니아)

매트릭스형은 각각의 화소에 구동용 박막 트랜지스터(TFT)가 배치되어 있고 이들 TFT로 화소에 전류를 흘려서 발광시키게 된다.

풀컬러 유기 EL 디스플레이의 시작품 예를 그림 7.4에서 보여 주고 있으며 1998년에 파이오니아에 의해 제작된 5.2인치 수동 매트릭스 패널을 보여 주고 있다. 화소 크기는 0.33mm×0.33mm, 전체 화소 수는 640×480(VGA), 휘도 200cd/m^2 정도의 선명한 동영상 표시가 실현되었다.

디스플레이의 RGB 색 순도는 국제조명위원회 CIE(Commission Internationale de l'Écla-irage)의 색도 좌표로 표현한다. 제작된 풀컬러 디스플레이에서 나타난 색 순도를 그림 7.5에 나타내었다. 모두 NTSC의 RGB 색도 좌표에 가까운 색 순도를 보여 주고 있다. 유기 EL 소자에서는 발광 재료의 선택에 의해 색 순도는 조정할 수 있으나 색 순도가 양호하여도 발광 효율이나 수명에서 만족되지 않는 경우도 있다.

이를 보완하는 방법으로 미소 공진기 효과, 즉 빛의 간섭 효과를 사용한다.[6]-[8] 유기 EL 소자에는 그림 7.6에서 보여 주듯이 뚜렷한 거울(mirror)이 되는 금속 음극이 있으며 다른 쪽에는

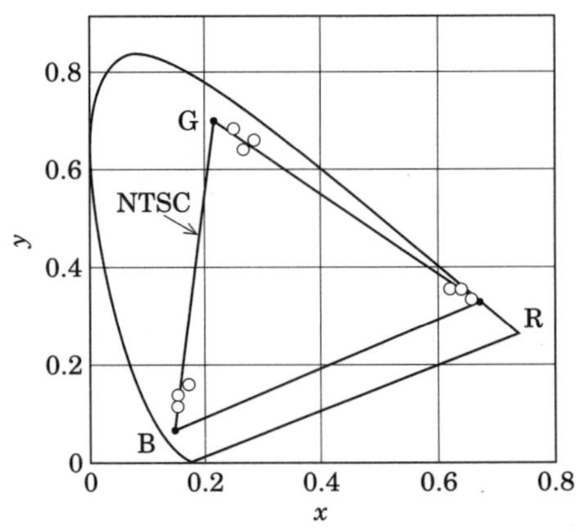

그림 7.5 제작된 풀컬러 유기 EL 디스플레이의 색 재현성

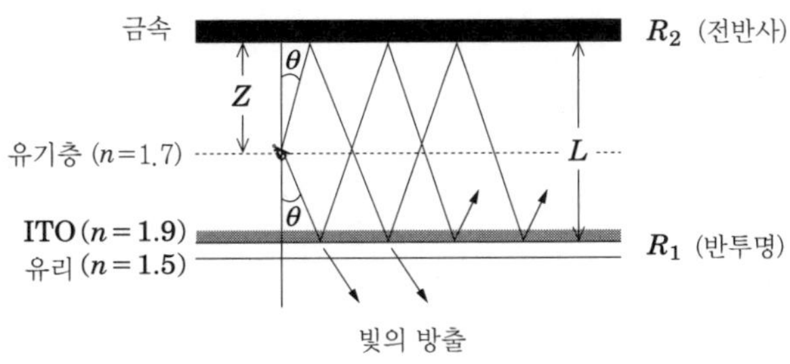

그림 7.6 유기 EL 소자의 모식도와 광 공진기 효과

굴절률 차가 큰 ITO/Glass 계면이 반투명 거울로서 작용한다.

유기 박막의 굴절률은 약 1.6~1.7이며 ITO는 1.9~2.0으로 유리의 1.5와 차이가 크다. 공진의 조건은 다음 식으로 표현된다.

$$2nd = \lambda\left(m - \frac{\Phi}{2\pi}\right) \tag{7.1}$$

여기서 n은 굴절률, d는 총두께, m은 정수, Φ는 반사면에서의 위상 변화이다. 보통 발광 영역은 여기 상태의 전극면으로의 확산을 방지하기 위해 소자 박막 두께의 중심 부근에 설정한다. 유기 EL 소자의 유기층 두께는 모두 100~150nm, ITO는 150nm 정도로서 굴절률을 맞춘 광학 길이는 빛의 파장과 거의 같은 정도이므로 공진기 효과를 일으키기 용이하다.

그림 7.7 (a)에 Alq₃ 발광층과 TPD의 정공 수송층(HTL)으로 구성된 2층 구조의 유기 EL 소자로 정공 수송층 두께를 변화시킨 경우의 발광 스펙트럼 변화를 나타내고 있다.[9] 정공 수송층

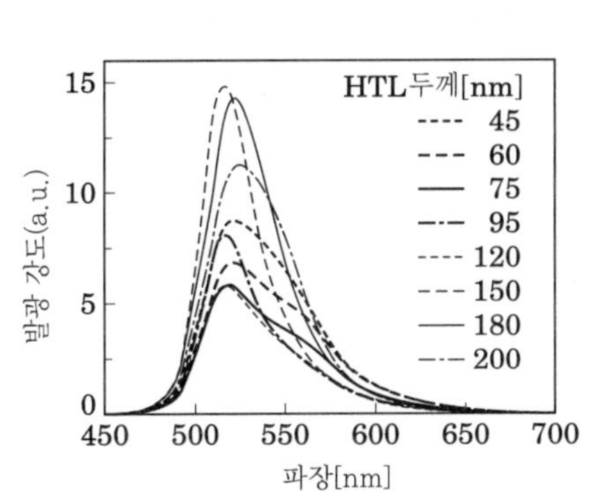

(a) 녹색 유기 EL 소자의 발광 스펙트럼

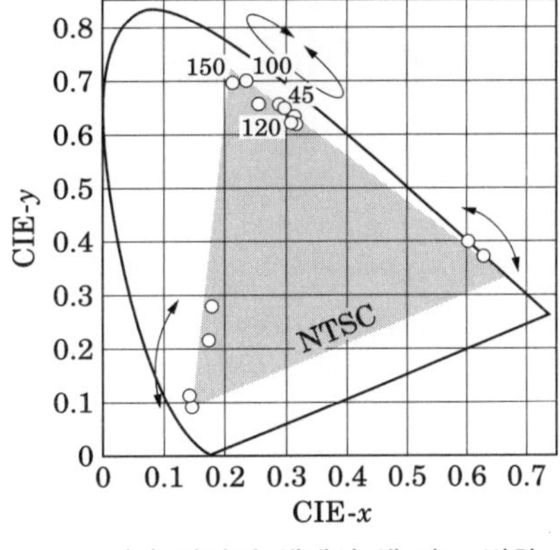

(b) 각각의 색에서 색 좌표 변화

그림 7.7 유기 EL 소자에서 정공 수송층 두께를 변화시킬 경우의 발광 특성의 변화

(자료 제공 : 파이오니아) [9]

두께가 변화함으로써 공진 조건이 변화하여 발광 스펙트럼의 형태와 강도가 변화함을 알 수 있다. 또한 이들에 대한 색 좌표를 나타낸 것이 그림 7.7 (b)이다. 녹색 이외에서도 큰 범위로 색을 변화시킬 수 있게 된다.

최근에는 이러한 미소 공진기 효과를 이용한 발광색 조정이 중요한 기술로 부각되고 있다.[10] 그러나 공진기 효과를 강하게 하면 스펙트럼의 각도 의존성이 강하게 되고 발광색이 각도에 의해 크게 변화되므로 발광색 변화를 무시할 수 있는 범위 내에서 이용되고 있다.

능동 구동 유기 EL 디바이스의 경우 많은 수의 TFT와 배선이 장애 요인이 되어 유기 EL 화소로 사용될 수 있는 면적이 작아진다. 특히 구동 회로가 복잡하고 TFT가 증가하게 되면 영향을 더욱 크게 받는다. 최근에는 지금까지의 유리 기판에서 빛을 방출하지 않고 상부층에서 빛을 방출하는 구조(Top Emission 형)로 하여 개구율을 개선하는 방법에 주목하고 있다(그림 7.8). 이 경우 윗면의 음극으로 ITO 등의 투명 도전체를 사용할 필요가 있다.

일반적으로 ITO는 일함수가 커서 전자 주입에는 적합하지 않은 재료이다. 또한 ITO는 스패터링법이나 이온 빔 증착법으로 성막을 하기 때문에 박막 형성 시 플라스마 이온 및 2차 전자가 전자 수송층에 피해(damage)를 줄 우려가 있다.

따라서 얇은 Mg층 또는 Cu 프탈로시아닌층을 전자 수송층 위에 형성하여 피해를 줄임으로써 전자 주입의 개선이 이루어진다.[11] 또한 플라스마 손상을 주지 않는 스패터링법, 예를 들어 대향 타깃형 스패터링법 등 특수한 성막법이 필요하다.

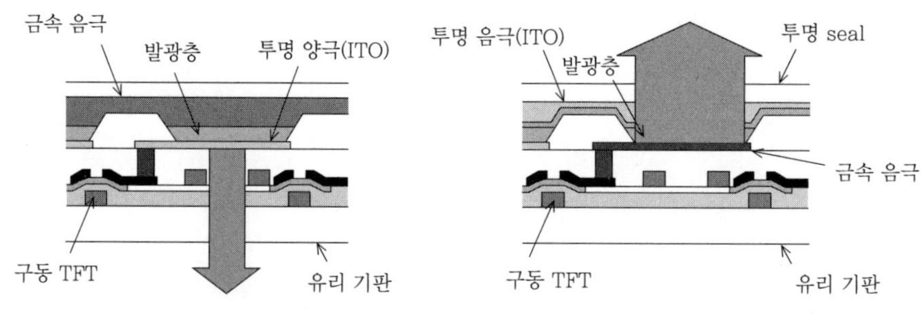

(a) 후면 발광 (Bottom Emission)   (b) 전면 발광 (Top Emission)

그림 7.8 능동 (active) 구동 유기 EL 디스플레이의 화소 구조

② ▶▸▸ 디스플레이 구동 방법

이미 설명한 바와 같이 유기 EL 디스플레이의 구동법에는 수동 구동법과 능동 구동법이 있다. 그림 7.3의 모식도에 대응하는 대표적인 등가 회로를 그림 7.9에 나타내고 있다. 수동형 구동은 N개의 주사선을 순차적으로 하나씩 선택하여 선택된 주사선 위의 화소에 데이터 선으로부터 전류가 흘러들어 발광한다. 화소는 선택된 짧은 시간 동안만 발광한다.

그림 7.10에 그 발광 과정을 나타내고 있다. 하나의 영상 신호 프레임마다 1회 발광하며 보통 60Hz가 프레임 주파수가 된다. 인간이 볼 수 있는 화면 휘도는 한 프레임 내에서 평균화된 값으로 나타내므로 평균화된 휘도 L_a는

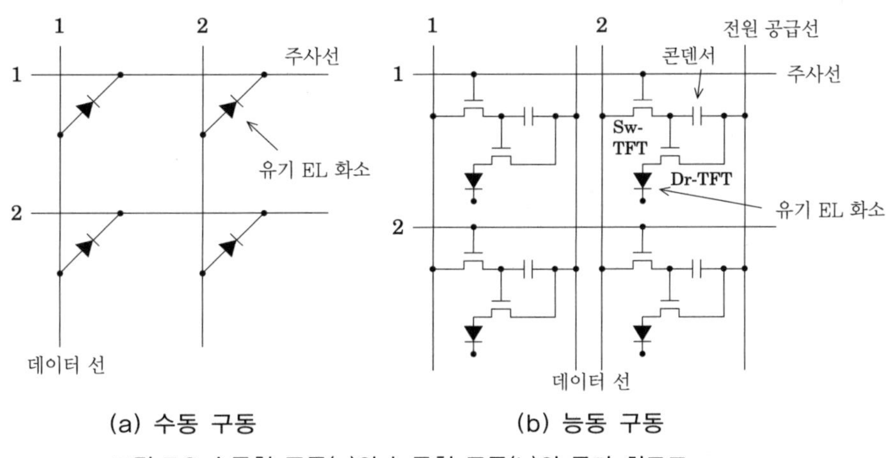

그림 7.9 수동형 구동(a)와 능동형 구동(b)의 등가 회로도

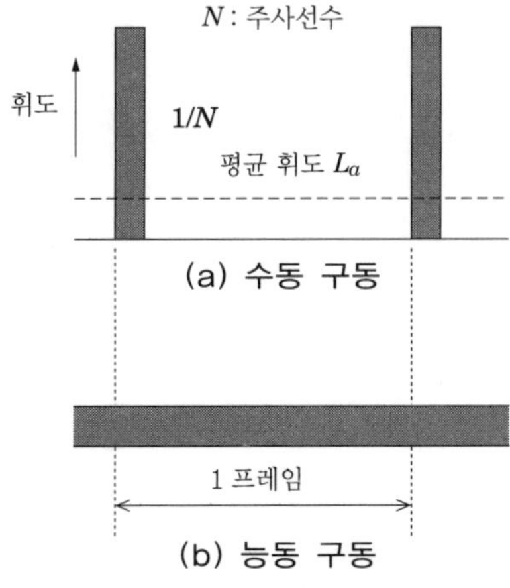

그림 7.10 수동형 구동과 능동형 구동

$$L_a = \frac{L}{N} \tag{7.2}$$

로 표현된다. 화면 휘도 L_a를 증가시키기 위해서는 선택될 때의 순간 휘도 L을 증가시키거나 또는 주사선 수 N을 적게 하여야 한다. 주사선 수가 많으면 순간 휘도를 올려야 하고 이를 위해 유기 EL 화소에 흐르는 전류와 인가 전압을 크게 하여야 한다. 이 경우 소비 전력 면에서는 불리하게 된다.

그림 7.11에 전류(휘도)와 발광 효율(전력 효율, 외부 양자 효율, 전류 효율)의 관계를 보여 준다. 일반적으로 형광 재료를 사용한 유기 EL 소자의 경우 외부 양자 효율 및 전류 효율은 휘도(전류)에는 거의 의존하지 않으나 전력 효율에는 의존하여 휘도가 클수록 저하한다. 이것은 휘도를 크게 하기 위해서는 인가 전압을 크게 하여야 하기 때문이다. 또한 휘도를 증가시키면 유기 EL 화소에 부하가 크게 되어 수명에도 문제를 일으킬 수 있다.

이와 같이 수동형 구동은 패널 구조가 단순하지만 전력 효율과 수명의 면에서는 불리한 구동 방법이다.

능동형 구동 방식은 그림 7.12에 나타낸 바와 같이 중간조 표현을 포함한 화질 향상을 위해서

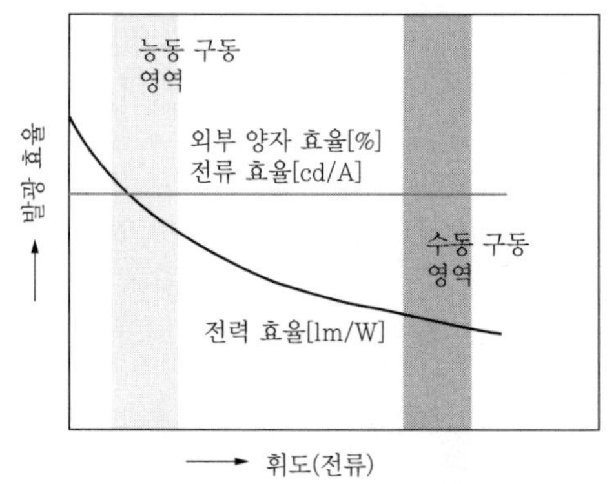

그림 7.11 발광 효율과 휘도(전류)의 관계

그림 7.12 유기 EL 디스플레이용 능동 구동법

몇 가지 구동법이 제안되어 있다.[12] 그림 7.9 (b)의 능동 회로는 가장 기본이 되는 2 트랜지스터 방식으로 1개 화소마다 Sw-TFT와 Dr-TFT가 필요하다. Sw-TFT가 스위칭용이고 Dr-TFT는 구동용이 된다.

TFT는 이동도가 $100\,cm^2/(V\cdot s)$ 이상의 저온 폴리실리콘을 사용하고 있다. 콘덴서 C는 Dr-TFT의 게이트·소스 사이에 전압을 유지하기 위한 커패시터(정전 용량)이다. 주사선과 데이터선으로 선택된 Sw-TFT가 on 상태가 되면 콘덴서는 충전되고 Dr-TFT를 on 상태로 한다. Dr-TFT가 on 상태가 되면 드레인 전류가 흘러서 유기 EL 화소가 발광한다.

발광 강도는 신호에 따라 흐르는 드레인 전류로 제어할 수 있기 때문에 중간조 계조 표시가 가능하다. 이 경우 한 개 프레임 사이에 일정한 휘도가 유지되기 때문에 언제나 발광이 가능하므로 (그림 7.10 (b)) 수동 구동과 같이 고휘도 상태로 화소를 발광시킬 필요는 없다. 현재는 능동 구동 방식이 주류를 이루고 있으며, 그 이유를 정리하면 다음과 같다.

① 주사선 수의 증가에 관계없이 고휘도가 실현된다.
② 구동 회로를 패널에 내장할 수 있어서 디스플레이를 소형화할 수 있다.
③ 정적 구동(static)이기 때문에 장수명화가 가능하다.
④ 저전압 구동이므로 소비 전력이 작다.
⑤ 고화질을 실현할 수 있다.

5인치 정도의 소형 디스플레이까지는 수동 방식도 충분히 사용 가능하지만, 대형화하게 될 경우 능동 구동 방식이 유리하다. 특히 장수명화와 소비 전력의 저감을 고려하면 중요성은 더욱 커진다.

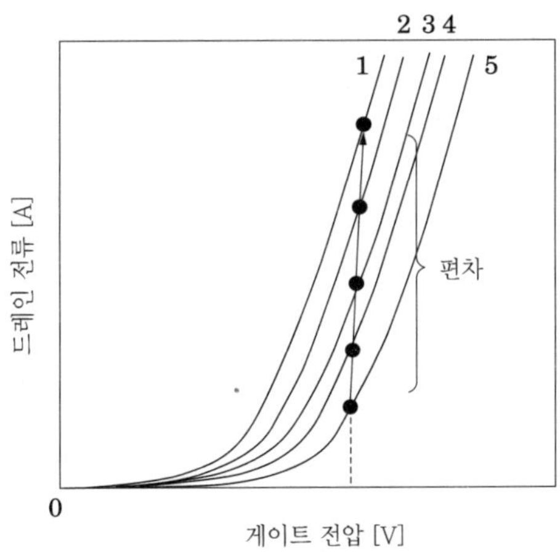

그림 7.13 5개의 Dr-TFT 특성의 편차와 드레인 전류의 변화

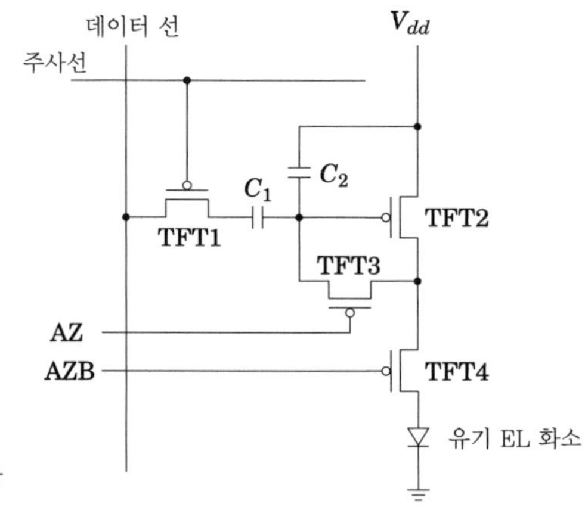

그림 7.14 보상 회로를 채택한 구동 회로의 예(전압 프로그램법)

2 트랜지스터 방식에서 문제가 되는 것은 같은 패널 내에서의 TFT 특성(특히 임계 전압 V_{th})의 편차를 들 수 있다. 특히 Dr-TFT 특성의 편차는 큰 문제가 된다. 각각의 Dr-TFT 특성이 그림 7.13과 같이 편차를 보이는 경우 같은 게이트 전압으로 구동한 경우에도 드레인 전류는 커다란 차이가 나타난다. 이러한 드레인 전류의 차이는 패널 내 불균일한 휘도로 나타난다.

이를 해결하기 위해 TFT 제조 공정을 개선하여 TFT 특성을 균일화하려는 노력이 진행되고 있다. 한편 Dr-TFT의 앞에 여러 개의 TFT를 사용하여 편차를 보상하는 회로 채택도 활발히 검토되고 있다.[13]~[15]

보상 회로로는 전류 프로그램법 또는 전압 프로그램법 등 몇 가지 방법이 제안되고 있으며 그림 7.14는 Sarnof가 제안한 4개의 TFT를 사용한 전압 프로그램의 회로 구성을 보여 준다. 여기서는 TFT2의 V_{th} 편차를 보상하고 있으며 디지털 구동에 의한 면적 계조 표현 또는 시분할 계조 표현도 TFT 특성의 편차를 보정하는 데 효과가 있다.

③ ▶▶ 저온 폴리실리콘 TFT와 비정질 실리콘 TFT

능동 구동용 TFT에는 저온 폴리실리콘과 비정질(amorphous) 실리콘을 사용한 제품이 있다. 지금까지는 이동도가 100cm²/(V·s) 정도의 저온 폴리실리콘이어야 한다는 선입관이 있으며 저온 폴리실리콘 TFT가 유기 EL의 능동 구동용으로 사용되어 왔다.

최근, 이동도가 1 cm²/(V·s) 미만의 비정질 실리콘 TFT로도 디스플레이가 실현된다는 보고가 있으며 비정질 실리콘 TFT에 대한 관심이 급격히 고조되고 있다.[16] 비정질 실리콘 TFT가 유기

EL 디스플레이에 사용될 수 있으면 그 영향은 매우 클 것으로 판단된다. 앞에서 언급한 바와 같이 2003년에 제작된 20인치 패널은 비정질 실리콘 TFT의 능동 구동이다.

한편 비정질 실리콘 TFT의 특징을 열거하면 다음과 같다.

① 저가격으로 대형화가 용이하다.
② 이동도·임계 전압의 균일성이 양호하다.
③ 이동도의 경시 변화가 작다.

는 사실을 들 수 있다. 그러나 다음과 같은 해결 과제도 안고 있다.

① 임계 전압의 경시 변화가 크다.
② TFT에서의 전압 강하에 의한 소비 전력이 크다.
③ 게이트 구동(drive) IC가 필요하다.

비정질 실리콘 TFT의 최대 특징은 저가격으로 대형화가 가능하다는 점이다. 임계 전압의 경시 변화에 대해서는 폴리실리콘 TFT의 경우와 같이 전압 프로그램이나 전류 프로그램 방식에 의한 보상 회로의 검토가 진행되고 있다.[17]

액정 디스플레이에서는 비정질 실리콘 TFT를 사용하여 50인치급의 대형 패널이 제작되고 있다. 비정질 실리콘 TFT의 구동 기술이 확립될 수 있으면 유기 EL 디스플레이의 대형화는 가속될 것이다.

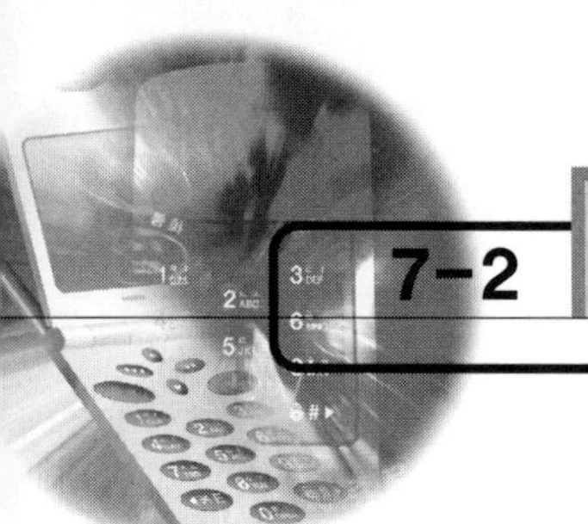

1 ▶▶ 저분자 유기 EL 디스플레이

유기 EL 디스플레이의 패널부는 기본적으로 유리 기판, ITO 양극, 여러 층의 유기 박막, 금속 음극으로 구성되며(그림 7.15), 이 소자가 캡(cap) 용기에 봉입되어 있다. 현재의 저분자 유기 EL 디스플레이의 제조 공정 전체 흐름을 그림 7.16에서 보여 주고 있으며 크게 구분하면 기판의 전처리 공정, 성막 공정, 봉입 공정으로 이루어진다. ITO 패터닝, 보조 전극 패터닝, 절연층 패터닝, 음극 격벽 패터닝은 포토리소그래피 공정에 의해 이루어진다.[18]

성막 공정 이전에 세정과는 별도로 기판 표면 처리로서 플라스마 처리가 이루어지며 이는 표면의 세정은 물론 유기 재료에 대한 도포성을 제어하는 중요한 공정이다. 성막 공정은 유기 재료가 저분자인가 또는 고분자인가에 따라 방법이 크게 다르다. 성막 공정과 봉입 공정을 일체화하여 연속 처리를 함으로써 수분이나 산소의 혼입을 막을 수 있다. 수동 디스플레이의 경우는 유리 기판에 ITO 성막으로부터, 그리고 능동 디스플레이의 경우는 저온 폴리실리콘 TFT 유리 기판으로부터 공정이 시작된다.

저분자 재료의 경우 진공도는 10^{-5} Pa 정도의 진공 증착 장치 내에서 섀도 마스크(shadow mask)를 사용하여 증착하며 유기 EL 화소를 독립적으로 형성하는 방법이 사용된다. 시제품 단계에는 그림 7.17에 보여 주듯이 마스크를 $\pm 5\,\mu m$ 정밀도로 이동시켜 수십 μm 크기의 RGB 화소를 형성하게 된다.

양산 제조 장치에서는 생산성을 높이기 위해 RGB마다 따로 증착실을 두고 있다. 성막 장치로

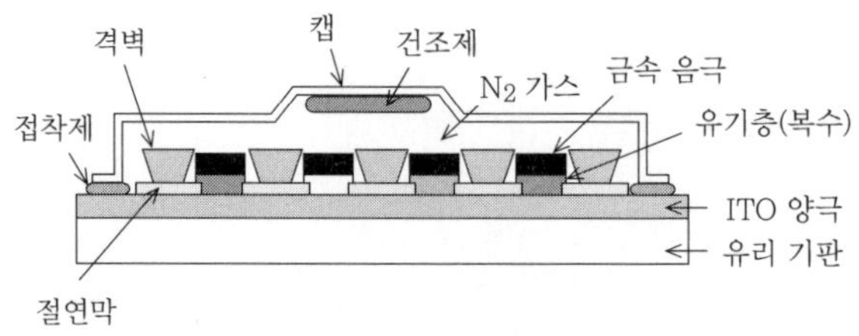

그림 7.15 대표적인 유기 EL 디스플레이(수동형)의 단면 구조

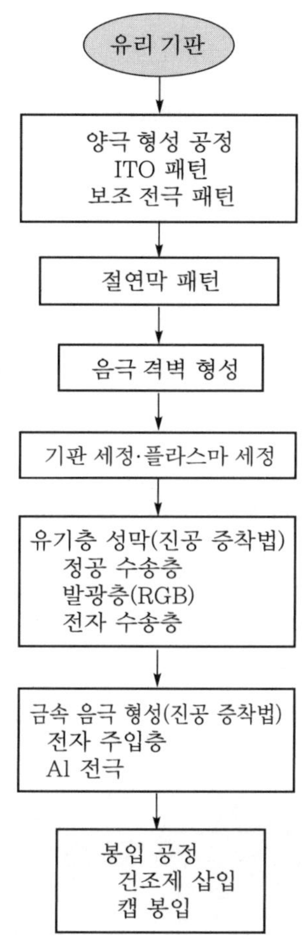

그림 7.16 저분자 유기 EL 디스플레이의 생산 공정

서 중심부에 기판 반송 로봇을 두고 그 주위에 성막실을 갖는 클러스터 형태와 직접 성막 장치가 늘어서 있는 인라인(in-line) 형태가 있다.

그림 7.18의 사진은 실제의 생산 장치이다. 여러 개의 진공 챔버가 연결되어 있고 뒤쪽의 반송 로봇이 진공 챔버 사이에서 기판 이동을 수행하고 있다.

진공 증착법에서 문제가 될 수 있는 항목은 다음과 같다.

① 기판 내에서 박막 두께의 균일성
② 고정세화
③ 유기 재료의 이용 효율

유기 EL 소자의 특성은 각 유기층의 박막 두께와 발광층의 도핑 농도에 민감하다.

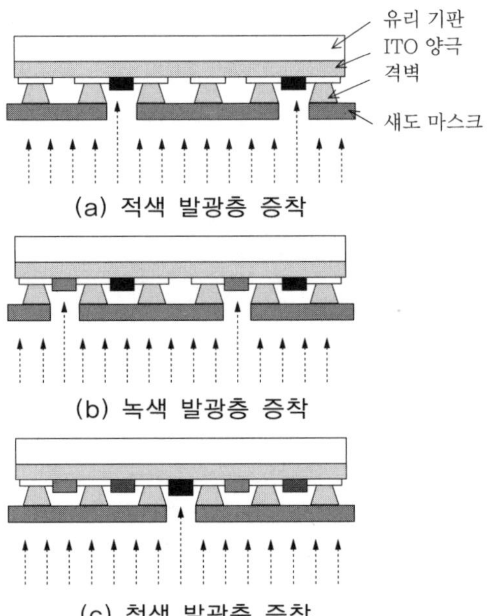

그림 7.17 섀도 마스크를 사용한 진공 증착법에 의한 RGB 화소의 형성

그림 7.18 저분자 EL 디스플레이 생산 장치와 연결된 진공 증착 장치
(사진 제공 : 도키)

　이상적으로는 5% 이하의 박막 두께 분포가 요구된다. 기판 크기가 작은 경우는 문제가 없지만 사각 600mm, 800mm 정도가 되면 큰 문제가 된다. 박막 두께의 분포는 동일 기판 내에서 발광색 또는 발광 효율의 차이가 발생한다.

　또한 기판 앞에 설치한 섀도 마스크는 증발원의 방사열에 노출되기 때문에 열팽창에 의한 화소 형성의 위치 편차가 발생한다. 일반적으로 Ni 제품 또는 스테인리스 제품이 사용되지만 재료

품질의 개량에 의해 유리 기판과 같은 열팽창률이 실현되고 있다. 재료 이용 효율에 있어서는 라인(line) 형상 또는 hot well 형상의 증발원을 사용하여 이용 효율을 50% 이상 올리는 시도가 이루어지고 있다. RGB의 발광층을 독립적으로 진공 증착법에 의해 형성하는 방법은 시작품 수준에서는 가능한 기술이지만 양산 시에는 매우 곤란한 면이 있다.

한편 백색 발광과 컬러 필터 방식을 조합한 방법 또는 청색 발광과 색 변환층을 조합한 방법은 기판 전면에 백색 발광층 또는 청색 발광층을 형성하기 때문에 발광층을 미세화할 필요가 없게 된다. 유리 기판 위에 고정세 컬러 필터를 형성하는 기술은 LCD에서 이미 확립되어 있으므로 매우 높은 고해상도를 실현할 수가 있다.

② ▶▶▶ 고분자 유기 EL 디스플레이

고분자 유기 EL 디스플레이 제조의 경우는 용액 도포법에 의해 유기층을 형성한다. 그림 7.19에 제조 공정도를 보여 주고 있다. 용액 도포법에서 가장 간단한 방법은 스핀 코팅법이다. 이외에도 스크린 인쇄, 그라비어 인쇄 등이 있으나 RGB 화소 형성에 가장 유망한 도포법은 잉크젯(ink jet) 방법이다.[19] 그 이유는 그림 7.20에 보여 주듯이 주로 사용하는 컬러 프린터와 유사하기 때문이다. 화소부에는 분사되는 잉크액을 분리하기 위해 분리벽(bank)이 형성된다. 적절한 용매를 사용하여 잉크로 만든 고분자 재료를 잉크젯 헤드의 노즐(nozzle)에서 기판상의 특정 위치에 분사하여 RGB를 분리 도포한다. 이 방법의 특징은

① 대면적으로 제조가 가능.
② 고정세화된 패터닝이 가능.
③ 발광 재료의 이용 효율이 크다.

는 점이다. 앞으로의 대화면, 고정세이면서 저가격에 대응 가능한 기술로서 기대된다. 중요한 것은 고분자 용액(잉크)의 제조이다. 잉크젯 헤드에 맞도록 잉크 물성을 조정할 필요가 있으며 특히 점도는 중요한 요소가 된다.

일정량의 잉크를 안정적으로 헤드로부터 반복하여 분사시키기 위해서는 용매의 증발을 억제할 필요가 있으며 테트라린 또는 도데실벤젠 등과 같이 비등점이 높은 용매가 사용된다.

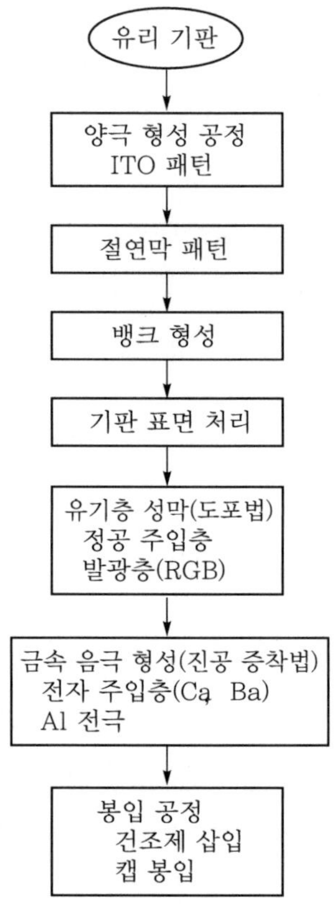

그림 7.19 고분자 유기 EL 디스플레이의 생산 공정

수십 피코리터의 잉크 방울을 수 m/s 속도로 분리벽이 형성된 기판에 고정도로 분사한다. 화소 내에서 균일한 발광을 확보하기 위해서는 박막의 품질과 박막 두께를 균일하게 형성하여야 한다. 많은 경우 박막 주위가 두껍게 되는 커피 스테인 효과(Coffee Stain Effect) (그림 7.21)

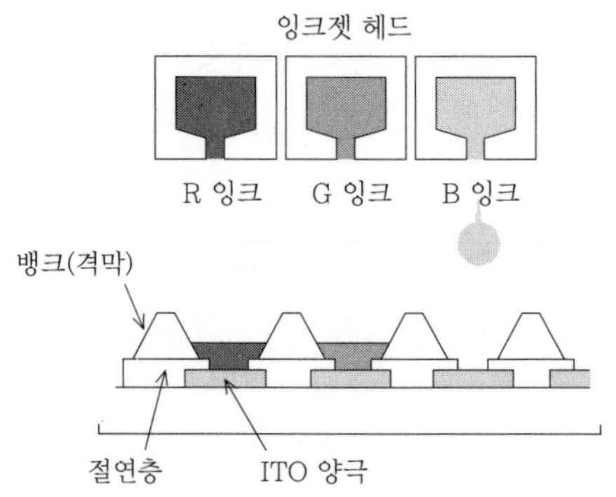

그림 7.20 잉크젯법에 의한 RGB 화소의 형성

가 일어나서 주변부가 두꺼워진다.[20] 최근에는 ITO 또는 분리벽 표면의 젖는 정도를 제어하고 건조 조건을 최적화하여 스핀코팅법에서 얻어지는 성능과 동등한 제품이 실현되고 있다. 또한 화소마다의 박막 두께 편차를 억제하는 것도 중요하며 이는 잉크 방울의 체적 편차와 관계가 있다. 잉크 방울의 도달 위치는 ±15mm 내로 억제할 수 있어서 도달하는 위치가 어긋나도 분리벽의 경사부에서 ITO 전극 부분으로 흘러들게 된다.

해상도는 이미 130 ppi 수준의 시제품이 제작되며 200 ppi 정도는 가능한 것으로 보인다. 문제는 사용 가능한 용매의 종류, 잉크 방울의 점도, 표면 장력, 건조 속도 등 많은 공정 조건을 최적화하는 것이다.

이 외에도 고분자층이 성막된 플라스틱 필름(도너 필름)을 기판에 접착하여 레이저(Laser) 조사 가열함으로써 고분자층을 기판에 전사하는 방법(레이저 가열 형상법 ; LITI : Laser Induced Thermal Imaging)이 있다. 그림 7.22에 레이저 가열 형상법의 모식도를 보여 준다. 레이저가 조사된 부분만 벗겨져서 기판에 융착된다.

RGB 3종류의 필름을 준비하여 순차로 전사하여 RGB 화소를 독립적으로 형성할 수 있다. 이미 4인치급의 디스플레이가 시제품으로 제작되고 있다. 고분자 재료뿐만 아니라 저분자 재료를 같은 방법으로 전사하여 풀컬러 디스플레이를 제작할 수도 있다.

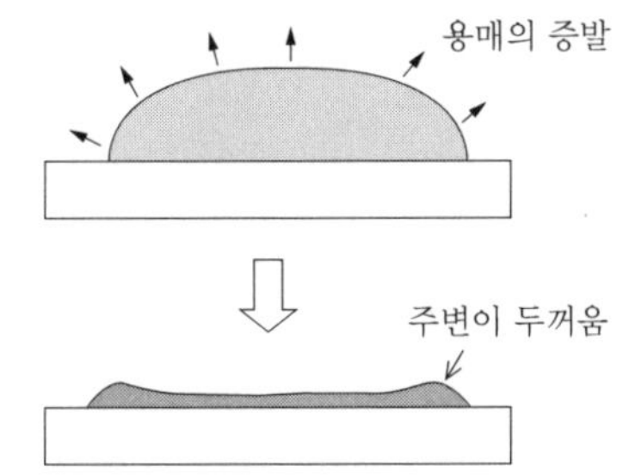

그림 7.21 잉크 방울의 건조 과정과 커피 스테인 현상

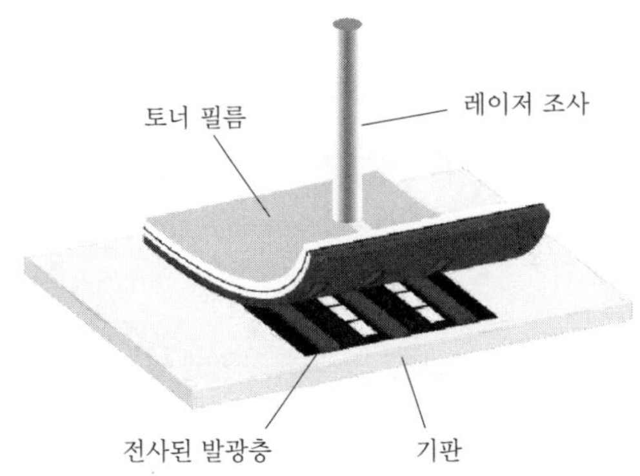

그림 7.22 레이저 가열 형상법에 의한 화소의 형성

③ ▶▶▶ 봉입 기술의 진보

현재의 유기 EL 디스플레이의 봉입은 그림 7.15에서와 같이 금속 또는 유리 캡을 사용하여 가운데가 비어 있는 구조로 되어 있다. 봉입 작업은 건조 질소(N_2) 또는 건조 아르곤(Ar) 분위기 박스 내에서 행하기 때문에 소자의 가운데 빈 부분에는 이러한 불활성 가스가 채워진 상태가 된다. 요구되는 봉입 환경에 대해서 명확한 규정은 없으나 수분과 산소가 1ppm이하가 바람직하다.

또한 패널 내에 잔존하는 수분이나 봉입 수지에서 나오는 수분을 제거하기 위해 건조제를 캡 내벽에 부착한다. 건조제로는 산화칼슘(CaO), 염화칼슘($CaCl_2$), 산화바륨(BaO) 등이 있으며 BaO과 같이 높은 수분 흡착률을 가지는 재료가 일반적으로 사용된다.

캡으로 봉입하는 것은 가격 면에서 불리하다. 유기 EL 디스플레이의 특징인 얇은 디바이스로 고체 박막 형태로 또는 얇은 플라스틱 필름으로 봉입하는 것이 바람직하다. 앞으로는 그림 7.23에서 보이는 것과 같이 고체 박막으로 봉입 공정을 연구하고 있다.

보통 0.7mm 유리 기판에 봉입 캡을 1mm로 채택하면 패널의 전체 두께는 1.7mm로 된다. 그러나 박막 형태로 봉입이 가능하면 디스플레이 패널 두께는 1mm 이하로 가능하다. 여기서 중요한 것은 이 봉입용 보호막의 방습 능력(수증기 차단성), 응력 내구성, 피복성이다.

Mg 전극을 사용한 유기 EL 소자의 수명 시험으로부터 유기 EL 소자의 봉입 보호막에는 1×10^{-5} g/(m²·day) 이하의 수증기 차단 성능이 필요한 것으로 예측되고 있다.[21] 또한 봉입막의 응력이 강하면 균열(crack) 발생 등으로 신뢰성이 저하되고 유기 EL 소자에 손상이 나타난다.

봉입 보호막 및 그 성막법에 요구되는 조건으로는

① 수증기 투과율이 10^{-5}g/(m²·day) 이하일 것
② 낮은 응력 또는 응력 완화성이 있을 것

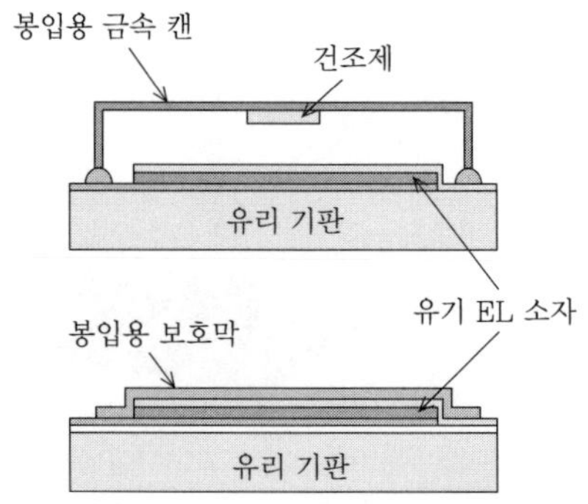

그림 7.23 캔 봉입에서 고체 박막 봉입으로

③ 성막법에 있어 피복성이 우수할 것

지금까지 보고되고 있는 봉압용 보호막의 예를 표 7.1에서 보여 주고 있다. 과거에 알려져 있는 플라스마 CVD법에 의한 질화실리콘(SiN_x) 막을 봉입용 보호막으로 적용한 예이다.

이 박막은 성막 조건을 변화시켜 막의 응력 제어가 용이하고 피복성이 우수한 막을 제작할 수 있다. 두께가 약 $3\mu m$인 SiNx 막으로 봉입한 유기 EL 소자는 60℃ 95% RH의 환경하에서 500 시간 보존 후에도 거의 흑점(dark spot)이 확대되지 않은 것으로 보고되고 있다.[22]

또한 촉매 화학 기상 성장(cat-CVD)법으로 차단성(Barrier)이 우수하고 동시에 낮은 응력의 SiN_x 막을 제조하였다는 보고도 있다. 고분자 수지 등의 유기 재료를 봉입용 보호막으로 사용한 예도 있다. 키실렌 단위체를 열중합시켜서 유기 EL 소자 위에 치밀한 폴리파라키실렌 막을 형성하고 있다.[23]

표 7.1 봉입 보호막의 종류와 성장법 및 특징

구조	재료	성막법	비고
단층막	SiNx	플라스마 CVD cat-CVD	저응력 고피복성 저온 성막
	폴리파라키실렌	열 CVD	저온 성막
복합 다층막	Al_2O_3/고분자	스패터링법 증착+UV 광 조사	매우 높은 수증기 차단(Barrier)성
	SiN_x/CN_x : H	플라스마 CVD 플라스마 중합	저응력 고피복성

수증기 차단성과 응력 완화의 관점으로부터 무기 박막 단독이 아닌 유기 재료와의 복합막의 검토가 진행되고 있다.

그림 7.24에 보여 주는 아크릴 단위체 등의 전구체를 진공 증착으로 형성한 후 자외선 조사로 중합시켜 $0.25{\sim}1\mu m$의 고분자층을 형성하고 그 위에 산화알루미늄(Al_2O_3) 또는 산화실리콘(SiO_2)을 반응성 스패터링법으로 수백 nm 증착한다. 이를 수차례 반복하여 수 μm의 다층 구조가 실현된다.[21]

복잡한 성막 공정이지만 유리판 수준의 10^{-6} g/($m^2\cdot$day)의 매우 높은 차단성이 보고되고 있다. 플라스마 CVD의 SiN_x에 플라스마 중합 CN_x : H 막을 조합하여 상호 적층한 막에 관한 보고도 있다.[24]

CN_x : H 막은 표면 평탄화성과 응력 완화성이 높기 때문에 유기 EL 소자에 손상을 적게 주며

피복성도 매우 우수하다. 고온에서의 수명 시험은 캔 봉입과 같은 정도의 긴 수명(1000시간)이
보고되고 있다.

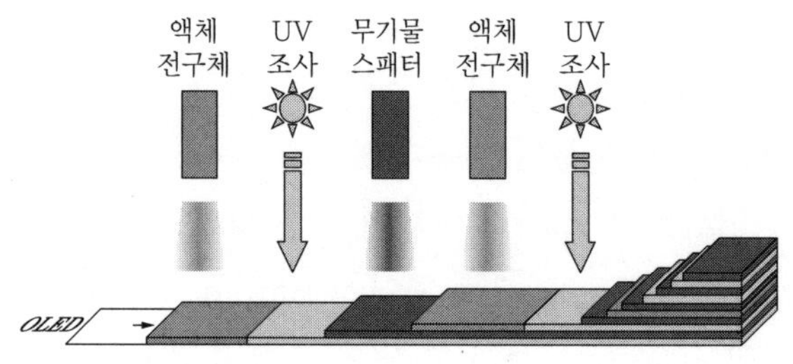

그림 7.24 증착법에 의한 다층 공정

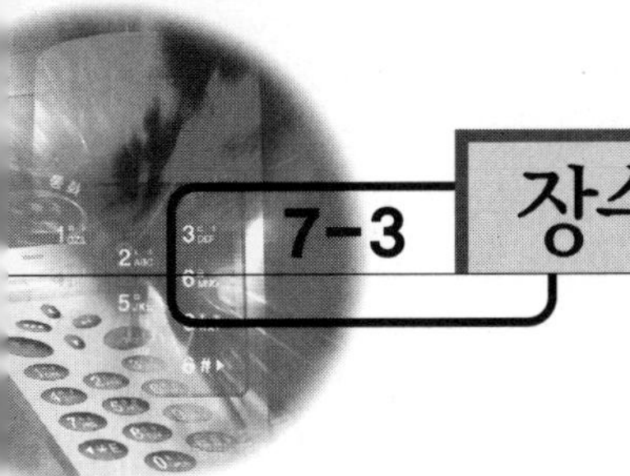

1 ▶▶ 유기 EL 소자의 장수명화

유기 EL 소자에서 관찰되는 특성 변화로는 발광 면 내에서 발생하는 흑점(비발광점)의 발생과 평균 휘도의 저하이다. 이와 같은 특성 저하 현상은 소자 보존 시에도 발생하지만 전류를 흘려서 연속 구동한 경우는 가속된다. 흑점의 원인은

① 전극 결함부로부터의 수분 침투에 의한 전극의 산화
② 유기층과 ITO층의 밀착성의 결여

등이 있다.[25] 현재는 기판 세정 또는 봉입을 포함한 엄격한 환경 관리에 의해 거의 흑점의 문제는 해결되고 있다.

한편 발광면 전체 휘도 저하의 원인은 본질적으로 사용하는 유기 재료에 있다.[26] 초기 휘도의 반으로 휘도가 저하하는 '반감 수명'은 구동법에 따라 다르다. 정전압 구동법과 정전류 구동법의 경우 휘도, 전압, 전류의 변화를 모식적으로 그림 7.25에 보여 준다.

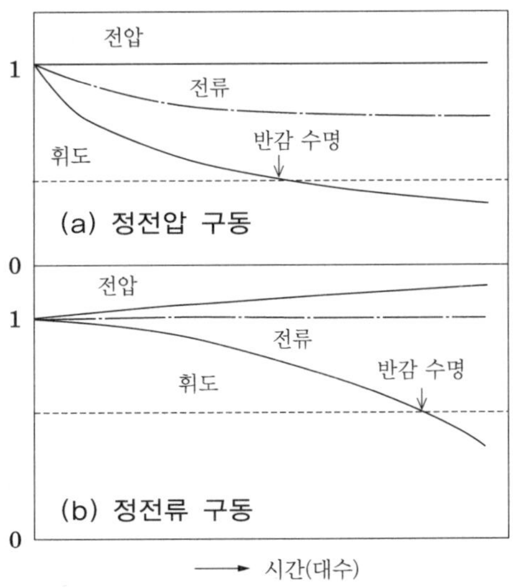

그림 7.25 구동법의 차이에 의한 휘도 변화

정전압 구동법에서는 초기에 휘도 저하가 급격히 일어나지만, 정전류 구동법은 꽤 긴 시간에 걸쳐 휘도 저하를 억제할 수 있다. 다만 정전류 구동법은 전류를 일정하게 유지하여야 하므로 구동 전압이 올라간다. 일반적으로 정전류 구동 반감 수명이 수명의 표현(정의)으로 사용된다. 구동에 의한 휘도 저하의 원인으로는

① 유기층의 응집 또는 결정화

② 유기 재료의 전기 화학적 반응

③ 분자 여기자와 계면 전하의 상호 작용

④ 유기층/유기층 또는 전극/유기 계면층에서 확산 및 화학 반응

⑤ 기판 굴곡 또는 먼지에 의한 국부적 단락

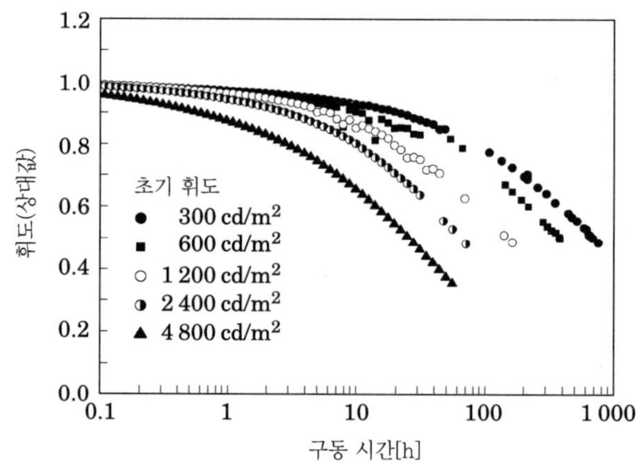

그림 7.26 서로 다른 초기 휘도(전류)에서 구동한 경우의 휘도 변화

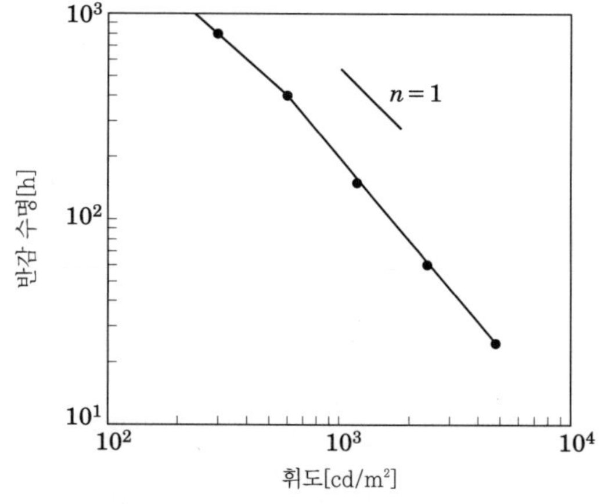

그림 7.27 그림 7.26에서 초기 휘도와 반감 수명의 관계

을 들 수 있다. 이러한 휘도 저하는 높은 초기 휘도 즉 전류에 의존한다. α–NPD와 Alq₃를 사용한 2층형 소자에서 휘도 변화를 그림 7.26에서 보여 준다. 초기 휘도가 300 cd/m²에서 반감 수명은 700시간이지만 3600 cd/m²의 경우는 겨우 22시간에 불과하다.

초기 휘도와 반감 수명의 관계를 보여 주는 그림이 7.27이다. 저휘도 측과 고휘도 측에서 반감 수명의 의존성이 다르다. 경험식으로 표현하면

$$\frac{t_1}{t_2} = \left(\frac{L_1}{L_2}\right)^{-n} \tag{7.3}$$

여기서 t_1과 t_2는 초기 휘도 L_1과 L_2의 조건에서 연속 구동한 경우 반감 수명, n은 가속 지수이다. 저휘도 측에서 $n=1$이고, 초기 휘도에 거의 반비례한다. 즉 휘도는 전류에 비례하므로 휘도의 저하는(성능 저하 현상) 전기를 통한 전 전하량에 관계하고 있을 것으로 판단된다. 한편, 고휘도에서 구동한 경우는 $1<n<2$가 되고 성능 저하가 가속된다. 즉, 대전류 구동에서는 소자 온도가 상승하고 이에 소자 내 반응이 가속되기 때문이라 추측된다.

이들 결과로부터 성능 저하의 주요 원인으로서 앞에서 언급한 유기 재료의 전기 화학적 반응의 가능성이 크다. 전기 화학적 반응의 구체적 예로서 제록스의 연구 그룹에서 보고한 Alq₃의 라디칼 양이온은 화학적으로 불안정하기 때문에 분해하여 분자 여기자를 소실시키는 자리로 작용하는 것으로 추측하고 있다.

또한 분자 여기자의 소실로는 유기 계면층에 축적된 전하와의 상호 작용도 생각할 수 있다. 키나크리돈 또는 쿠마린을 도핑한 유기 EL 소자에서도 초기 휘도 및 온도를 변화시킨 실험도 행해지고 있다.[27]

한편 폴리플루오렌 등 고분자 EL 소자 등에서는 수백 cd/m²의 저휘도 영역에서도 $1.5<n<2$와 가속 지수는 저분자 EL 소자보다 크다.[28] 일반적으로 유기 EL 소자의 실용 휘도에서 반감 수명은 고휘도 또는 고온에서 수명 측정(가속도 실험) 결과로부터 추정하는 경우가 많다.

코닥사의 연구 그룹이 보고한 최초의 저분자 EL 소자의 수명은 100시간이었다. 15년 지난 현재의 수명은 얼마 정도일까? RGB에서 정확한 수명을 명기하는 것은 불가능하지만 표 7.2와 같이 저분자 재료는 청색이 초기 휘도 1000 cd/m²의 고휘도에서 7000시간, 녹색은 초기 휘도 350 cd/m²에서 4만 시간 이상, 적색은 초기 휘도 150 cd/m²에서 4만 시간 이상 확보 가능함을 보고하고 있다.[29], [30]

황색 발광 유기 EL 소자의 경우 초기 휘도 3000 cd/m²의 엄격한 조건에서 구동하여도 5000시간 후에 5% 정도의 휘도 저하만 일어난 결과가 있다. 재료 면에서 보면 충분히 실용화 수준에 도달되었다고 할 수 있다. 다만, 이러한 제시된 값들은 작은 소자에서의 수명이며 디스플레이에

서의 수명이라고 할 수 없다. 한편 고분자 EL 소자는 저분자 계열에 비해 훨씬 뒤쳐져 있다. 초기 휘도 $100\,cd/m^2$ 조건에서 수만 시간의 수명이 녹색과 적색에서 실현되었다. 아주 최근에 드디어 청색에서도 1만 시간이 달성되고 있다.[28]

표 7.2 형광 재료를 사용한 저분자 유기 EL 소자의 반감 수명

발광색	색 좌표 (x, y)	전류 효율 [cd/A]	반감 수명 [h]
청	(0.15, 0.16)	5.9	7000 (@$1000cd/m^2$)
녹	(0.31, 0.63)	7	>40000(@$350cd/m^2$)
적	(0.63, 0.37)	3	>40000(@$150cd/m^2$)
백	(0.32, 0.34)	4	>20000 (@$200cd/m^2$)

전류를 흘리는 것은 유기 분자가 산화, 환원 반응을 계속 반복함을 의미한다. 발광할 경우는 분자가 여기 상태(일중항과 삼중항)로 올려지고 이로부터 빛을 방출하고 다시 원래의 상태로 돌아오는 광 반응 프로세스를 반복한다. Alq_3에서 설명한 바와 같이 유기 분자 자체가 산화, 환원 반응에 약하다고 생각되나 불순물이 존재하면 이와 화학 반응을 일으키거나 전자 또는 정공의 캐리어 트랩(trap) 준위 및 여기 상태에서 비발광 자리로서 작용할 가능성이 있다.

앞으로도

(1) 전기 화학적으로 안정한 재료의 개발
(2) 재료의 고순도화
(3) 소자 구조의 최적화
(4) 소자 제작 프로세스 환경의 개선

을 진행하여 더욱 더 장수명화가 기대된다.

소자 구조의 개발 면에서는 앞에서 언급한 여러 개의 유기 EL 소자를 적층한 것으로 고휘도 조건에서 장수명이 얻어진다. 3층 구조의 소자에서는 초기 휘도가 $10000\,cd/m^2$에서 2000시간 구동 후에도 5% 정도만이 휘도 저하가 나타나 반감 수명값 10000시간을 보고하고 있다. 소자 구조는 복잡하지만 장수명화에는 유효한 기술이라 할 수 있다.

② ▶▶ 디스플레이의 장수명화

저분자 EL 소자의 반감 수명은 충분히 실용 수준에 도달되어 있다고 생각한다. 그러나 디스플레이에서 필요한 휘도를 얻기 위해서는 발광 화소의 실효적인 면적(개구율)이 작을수록 그 화소를 강하게 발광시킬 필요가 있다. 특히 능동 구동의 경우는 여러 개의 TFT를 배치할 필요가 있기 때문에 개구율은 작게 된다. 보상 회로가 복잡해지고 TFT가 증가하면 개구율은 더욱 작아진다. 보상 회로가 없는 그 트랜지스터의 경우는 45% 정도의 개구율 확보가 가능하지만 3개, 4개로 증가하게 되면 35%, 30%로 감소하게 된다.

또한 해상도를 어느 정도로 할 것인가에 의해 개구율은 변한다. 그림 7.8에 보여 주듯이 현재 유리 기판에서 빛을 방출시키는 Bottom Emission형에서는 TFT가 차지하는 면적만큼의 손실이 발생하지만 기판 위쪽 면에서 빛을 방출하는 Top Emission형의 경우는 그 영향을 받지 않으므로 개구율을 크게 할 수 있다.

그림 7.28에 해상도와 개구율의 관계를 모식적으로 보여 주고 있다. 디스플레이의 해상도가 크면 배선에 필요한 면적이 증가하므로 필연적으로 화소에 사용할 수 있는 면적이 작게 되어 개구율은 저하한다. Top Emission의 경우 고해상도에서도 개구율을 70% 정도가 가능하며 디스플레이의 효율 개선이 기대된다.[31]

그 결과 유기 EL 화소에 흐르는 전류 밀도를 작게 억제할 수 있어서 수명도 개선될 수 있다. 또한 백색 발광과 컬러 필터를 사용하는 디스플레이 구조도 RGB 화소를 독립적으로 형성하는 경우와 달리 화소의 분리 격벽 구조를 단순화할 수 있어 30% 정도의 개선이 기대된다.

수동 구동과 능동 구동의 차이 역시 수명에 영향을 미친다. 수동 듀티(duty) 구동의 경우 그림

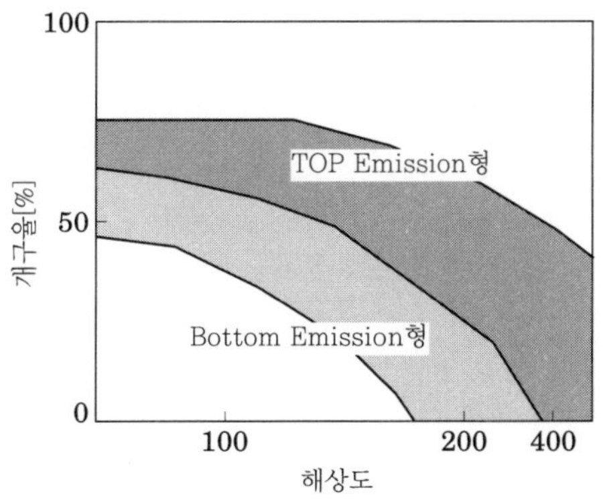

그림 7.28 유기 EL 디스플레이의 개구율. Bottom Emission형과 Top Emission형의 비교

7.10에서와 같이 1/라인 수(Line Number)의 시간만이 발광한다. 순간 휘도는 평균 휘도에 라인 수를 곱한 휘도가 된다. 128라인의 경우 100 cd/m²의 휘도를 얻기 위해서는 순간적으로 유기 EL 화소를 12800 cd/m²로 발광시킬 필요가 있다.

그림 7.27에 보여 주듯이 휘도가 높을수록 수명은 짧아진다. 해상도를 크게 하면 듀티비가 커지고 수명은 더욱 짧아진다. 수동 구동에서 어느 정도 큰 화면 크기 및 해상도를 확보하고 싶을 경우 화면을 2분할 또는 4분할하여 듀티비를 낮게 억제하는 방법이 쓰인다. 한편 능동 구동은 정적 구동이므로 저전류 밀도에서 필요한 휘도를 얻을 수가 있다. 이 경우 유기 EL 화소의 부담이 작으며 장수명화가 가능하다.

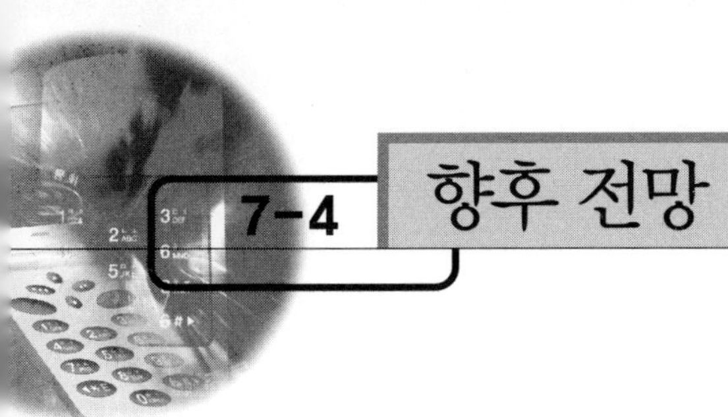

유기 박막에 믿을 수 없을 정도의 큰 전류를 흘려서 발광시키는 유기 EL 소자는 새로운 전자 디바이스이다. 전자 전도 기구 또는 발광 기구의 기본적인 사실조차 아직 충분히 규명되지 않은 것이 현실이다.

시행착오를 반복하면서 성능 개선이 계속 진전되고 있으나 문제를 해결하기에는 시간이 필요하다. 또한 대선배인 액정 디스플레이와의 경쟁이 심한 것도 현실이다. 그러나 유기 EL 디스플레이의 동영상 표시에 있어서 화질의 평가는 우수하며 휴대 기기에 실용화 전개는 틀림없이 진전되리라 예상된다. 아마도 수년간은 현재 확립되어 있는 저분자 형광 재료를 중심으로 한 2~5인치급 디스플레이가 전개되리라 생각한다.

동시에 부분적으로 인광 재료의 이용도 시작되고 있다. 이후 형광성 고분자 재료를 사용한 디스플레이가 실용화되리라 예상된다. 유기 EL에 있어서 지금부터 3~5년은 승부를 거는 시기가 될 것이다. 2003년 말부터 일부 지역에서 지상 디지털 방송이 시작되며 수년간에 걸쳐서 전국으로 확대될 계획이다.

이 지상 디지털 방송이 유기 EL 디스플레이의 응용을 위해 좋은 기회가 될 수도 있다. 2mm 이하의 두께로 매우 가볍고 브라운관에 해당하는 하이비젼 화질이 표현되는 TV가 실현되면 그 충격이 클 것으로 예상된다.

참고문헌

(1) P.E.Burrows, G.Gu, V.Bulovic, Z.Shen, S.R.Forrest and M.E.Forrest : IEEE Trans.on Electron Devices, 44, p.1188 (1997)

(2) K.Mori, Y.Sakaguchi, Y.Iketsu and J.Suzuki : Displays,22,p.43 (2001)

(3) A.Yumoto, M.Asano, H.Hasegawa and M.Sekiya : Asia Display/Proc. of IDW' 01, p.1395 (2001)

(4) M.Kobayashi, J.Hanari, M.Shibusawa, K.Sunohara and N.Ibaraki : Proc. of IDW' 02, p.231 (2002)

(5) K.Mameno, et. al. : Proc. of IDW' 02,p.235 (2002)

(6) N.Takada, T.Tsutsui and S.Saito : Appl.Phys.Lett.,63,p.2032 (1993)

(7) T.Nakayama, Y.Itoh and A.Kakuta : Appl.Phys.Lett.,63,p.594 (1993)

(8) S.Tokito, T.Tsutsui and Y.Taga : J.Appl.Phys.,86,p.2407 (1999)

(9) Y.Fukuda, T.Watanabe, T.Wakimoto, S.Miyaguchi and M.Tsuchida : Synth. Met.,111-112, p.1 (2000)

(10) 時任靜士 : 월간디스플레이, 2001년 9월호, p.13

(11) M.-H.Lu, M.S.Weaver, T.X.Zhou, M.Rothman, R.C.Kwong, M.Hack and J.J. Brown : Appl. Phys. Lett., 81, p.3921 (2002)

(12) 下田達也, 木村 睦 : 2003 FPD테크놀로지大全, 전자저널, p.982 (2003)

(13) T.Urabe : Proc. of IDW' 03, p.251 (2003)

(14) T.Nanmoto, H.Hara, K.Takahashi, T.Iwashita, H.Hirayama, H.Kawai, S. Inoue and T.Shimoda : Proc. of IDW' 03,p.263 (203)

(15) N.Komiya, C.Y.Oh, M.Eom, J.T.Kong, H.K.Chung, S.M.Choi and O.K.Kwon : Proc. of IDW' 03,p.275 (2003)

(16) S.Oho, Y.Kobayashi, K.Miwa and T.Tsujimura : Proc. of IDW' 03, p.255 (2003)

(17) 服部勵治 : 제10회 월간디스플레이기술 세미나 자료, p.91 (2003)

(18) 예, 2003 FPD테크놀로지大全, 전자저널출판 (2003)

(19) 下田達也 : MATERIAL STAGE,1,5,p.40 (2001)

(20) 坂本正典 : 월간디스플레이, 2003년 9월호, p.10

(21) P.E.Burrows, et al. : Proc. of SPIE, 4105, p.75 (2001)

(22) 吉田綾子 : 광학,32,2,p.719 (2003)

(23) 山下浩一, 森 龍雄, 水谷照吉 : 응용물리학회 유기분자 · 바이오일렉트로닉스 분과회 회지,11,1,p.20 (2000)

(24) K.Akedo, A.Miura, H.Fujikawa and Y.Taga : SID2003 DIGEST,34,p.559 (2003)

(25) Y.Sato, S.Ichikawa and H.Kanai : IEEE J. on Selected Topics in Quantum Electronics,4, p.40 (1998)

(26) Z.D.Popovic and H.Aziz : IEEE J. on Selected Topics in Quanmm Electronics,8,p.362 (2002)

(27) M.Ishii and Y.Taga : Appl.Phys.Lett.,80,p.3430 (2002)

(28) N. Athanassopoulou : 월간디스플레이, 2003년 9월호, p.47

(29) K. M. Vaeth : Information Display,19,p.12 (2003)

(30) 酒井俊男 : FPD International 세미나 2003 자료, G-2 (4)

(31) K. Mameno, S.Matsumoto, R.Nishikawa, T.Sasatani, T.Yamaguchi, K. Yoneda, T.Hamada and N.Saito : Proc. of IDW' 03,p.267 (2003)

08

유기 EL 소자의 새로운 응용 전개

본 장에서는 향후 유기 EL의 응용 분야로서 휨성(flexible) 디스플레이의 제작 예를 통해 연구 현황과 전망에 대해 설명한다. 또한 유기 EL 디스플레이를 조명 기기에 응용한 예를 소개하고 다른 광원과의 특성 비교 데이터도 소개한다. 마지막으로 유기 EL 소자를 이용한 유기 레이저의 개발 현황과 구조 및 사용 재료 등에 대해 간략히 설명하고 향후 응용 가능성 등에 대해 알아본다.

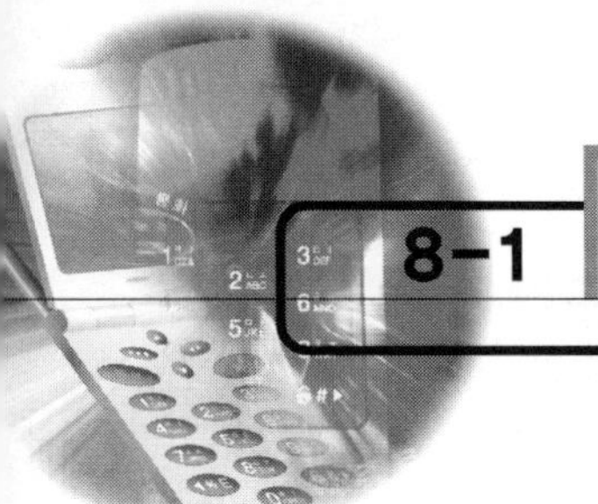

휨성 디스플레이 연구 현황과 전망

수십 년에 걸쳐 브라운관과 같은 디스플레이로부터 액정 디스플레이와 플라스마 디스플레이로 발전되어 왔다. 앞으로의 디스플레이는 어떻게 진전될 것인가? 최근 '유비쿼터스'라는 단어가 자주 사용되고 있다. 언제 어디서나 정보를 얻을 수 있는 광대역(broad band)과 무선 모바일을 겸비한 사회가 될 것이다. 2003년 말에는 지상 디지털 방송이 시작되었다. 지상 디지털 방송의 특징은 데이터 방송과 고화질의 이동체 수신이다.

여러 종류의 다양한 정보와 함께 고화질 영상을 '언제 어디서나' 수신할 수가 있다. 따라서 방대한 정보를 표시하기 위해 어느 정도의 화면 크기가 필요하다. 그러나 휴대, 운반성을 고려하면 현재의 평판 디스플레이로는 편리성이 부족하다. 종이와 같이 얇고 말 수 있는 디스플레이가 실현된다면 어느 정도 편리할 것인가.[1] 휨성(flexible) 유기 EL 디스플레이는 전자 종이와 같은 잡지 또는 신문을 대체할 목적이라기보다는 풀컬러의 동영상 표시를 목적으로 하고 있다.

그림 8.1에 휨성 디스플레이의 응용 개념도를 나타내었다. 지금이야말로 유기 EL의 특징을 발휘할 수 있는 가능성이 있다. 다른 디스플레이로는 대응할 수 없는 세계인 것이다.[2] 또한 플라스틱 필름을 사용하여 초경량의 특징을 가진다. 그림 8.2에 나타낸 것과 같이 종래의 브라운관, 최근의 액정 디스플레이 및 플라스마 디스플레이의 중량을 크기별로 비교하였다. 휨성 디스플레이는 현재의 평판 디스플레이와 비교하여도 압도적으로 우위에 있음을 알 수 있다. 생각해 보면 액정 디스플레이가 지금처럼 성공할 수 있었던 배경에는 경량·박형화라는 사회적인 요구에 부합하였고 다른 디스플레이에서는 평판 디스플레이를 실현할 수 없었기 때문이다.

휨성 디스플레이의 기반 기술이 되는 것은 플라스틱 필름이다.[3] 기판으로 사용되는 경우에 다음과 같은 사양이 요구된다.

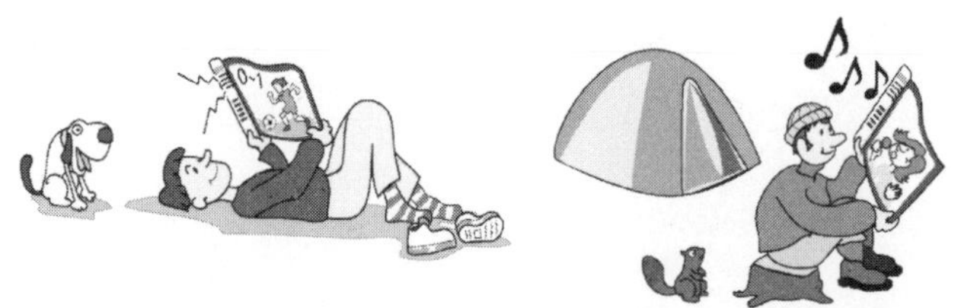

그림 8.1 휨성 유기 EL 디스플레이의 응용 개념도

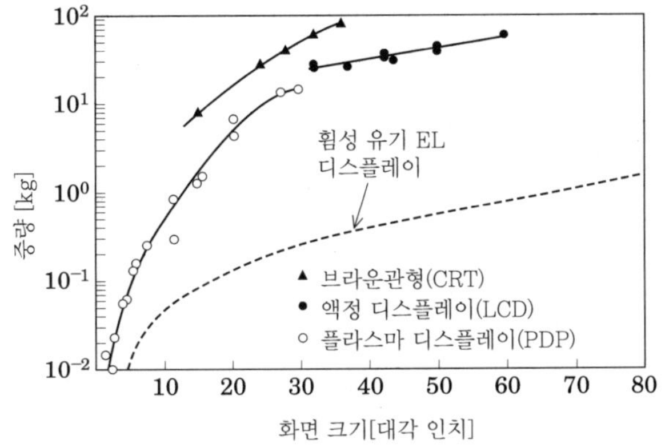

그림 8.2 휨성 디스플레이의 중량 예측과 기타 디스플레이와의 비교

① 투명성이 뛰어날 것

② 흡수율이 작을 것

③ 선팽창 계수가 작을 것

④ 수증기 투과율이 작을 것

기타 유기 용제에 대해 내구성 또는 표면 평활도가 중요하다. 참고로 표 8.1에 대표적인 플라스틱 필름의 특성을 보여 준다. 현재 액정 디스플레이 용도의 플라스틱 필름이 개발되어 있으나 이들 성능에서는 유기 EL의 요구를 만족시킬 수 없다. 특히 수증기의 침투를 저지하는 수증기 차단성은 유기 EL 소자의 수명을 결정짓는 매우 중요한 조건이다. 일반 플라스틱 필름의 수증기 투과율은 $1\sim10g/(m^2.day)$, 폴리에테르술폰산의 경우 $208g/(m^2.day)$가 된다. 액정 디스플레이 용으로 개발된 플라스틱은 $0.1\,g/(m^2.day)$ 수준이다.

표 8.1 대표적인 플라스틱 필름의 일람표

플라스틱	폴리카보네이트	폴리에테르술폰산	폴리메타크릴산	폴리에틸렌테레프탈레이트
내열 온도 [C]	150	223	100	80
굴절률	1.59	1.65	1.49	1.66
선팽창계수 $[\times10^{-5}\ cm/(cm\cdot℃)]$	7	5.5	5~9	7
흡수율 (23℃, 90%)	0.15	1.4	0.3	—
수증기 투과율 $[g/(m^2.day)]$	4	208	—	—

앞에서 설명한 바와 같이 유기 EL 소자의 경우 10^{-5}g/(m^2.day) 이하의 값이 요구된다. 현재 플라스틱 필름에 수증기 차단층을 형성하여 기판 자체의 차단성을 향상시키는 방법이 검토되고 있다. 차단막으로는 박막 봉입에 관한 내용에서 설명하였듯이 CVD법 등으로 성막 가능한 무기 박막 또는 유기와의 복합막이 유효한 방법이다. 다만 기판 측의 차단막이므로 산소 또는 수증기의 차단성뿐만 아니라 표면 평활성도 중요하다.

성막법으로는 간단한 스패터링법 등이 활용된다. 질화산화실리콘(SiO_xN_y) 박막에서 매우 높은 차단성과 충분한 광학 투명성이 얻어지고 있다.[4] 기판 필름 표면의 요철이나 이물질에 의한 결함이 차단층에 결함을 가져오는 것으로 알려져 있다. 이 차단층을 형성하기 전에 평탄화를 위해 수지층을 성막하여 소자의 신뢰성을 개선하고 있다.

시작품 수준이지만 이미 2~3인치의 휨성 유기 EL 디스플레이가 보고되고 있다.[5] 그림 8.3에 형광성 저분자 재료를 사용하여 제작된 휨성 풀컬러 디스플레이를 보여 주고 있다. 크기가 3인치로 128×64이며 전체 두께는 0.2mm가 실현되고 있다. 이 경우 RGB 화소는 섀도 마스크를 사용하여 독립적으로 도포하여 형성한다. 또한 플라스틱 필름 위에 백색 발광과 컬러 필터를 조합하여 제작한 예도 있다.

백색 발광에는 고효율 발광의 인광성 고분자를 사용하고 컬러 필터와 ITO 양극은 유리 기판 위에 제작한 후 플라스틱 필름 위에 옮기는 전사법으로 제작하고 있다.[6] 그림 8.4에 컬러 동영상을 표시한 사진을 보여 준다. 대각 3.6인치로 64×64의 화소 수를 갖는다. 컬러 필터를 이용하기 때문에 RGB 화소를 개별적으로 형성할 필요가 없어 제작이 용이하다. 이 방식은 컬러 필

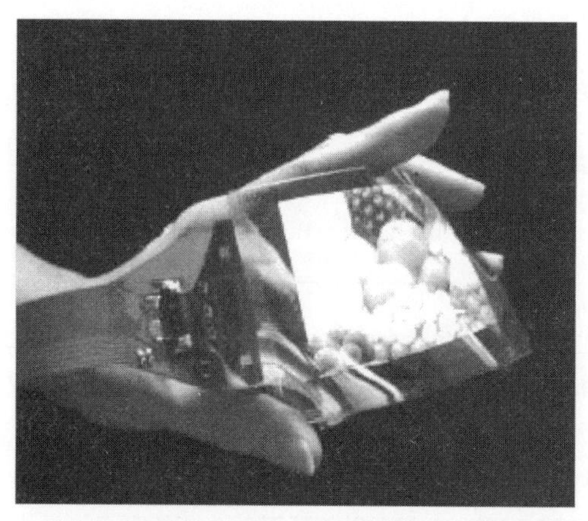

그림 8.3 형광성 저분자를 사용한 휨성 디스플레이
(사진 제공 : 파이오니아)

그림 8.4 인광성 고분자를 사용한 휨성 디스플레이
(사진 제공 : NHK 방송기술연구소)

터 형성을 통해 고정세화하는 것으로 해상도를 높일 수 있다.

보고되고 있는 휨성 디스플레이는 모두 수동(passive) 구동형이다. 소비 전력, 수명, 화질을 고려하면 휨성 디스플레이 역시 능동(active) 구동을 채택할 필요가 있다. 현재 플라스틱 필름 위에 비정질 실리콘 TFT의 저온 형성에 대한 연구가 진행되고 있다.[7] 또한 유리 기판 위에 제작한 폴리실리콘 TFT를 플라스틱 필름 위에 전사하는 방법의 연구도 이루어지고 있다.

이들 기술을 활용하여 가까운 장래 능동 구동의 휨성 유기 EL 디스플레이가 실현될 수 있을 것으로 기대된다. 그러나 구부리는 동작에 대해 실리콘 TFT는 성능을 유지하기에 어려운 것으로 판단된다. 이러한 관점에서 장래에는 유기(반도체) 재료를 이용한 TFT(유기 TFT)를 구동 소자로 한 능동 구동이 유망시되고 있다.

이미 펜타센 또는 티오펜 올리고머를 사용한 유기 TFT의 경우 비정질 실리콘 TFT 정도의 이동도와 전류 on/off 비를 얻고 있다.[8], [9]

두루마리처럼 보고 싶은 부분만 펼쳐 보고 끝난 후 다시 말아 두는 형태로 포켓에 넣어서 가지고 다니는 휨성 유기 EL 디스플레이에 대한 기대는 크다. 이러한 휨성 디스플레이로 시청자가 뉴스와 스포츠 게임을 즐기는 시대를 유기 EL이 열어 주기를 기대하고 있다.

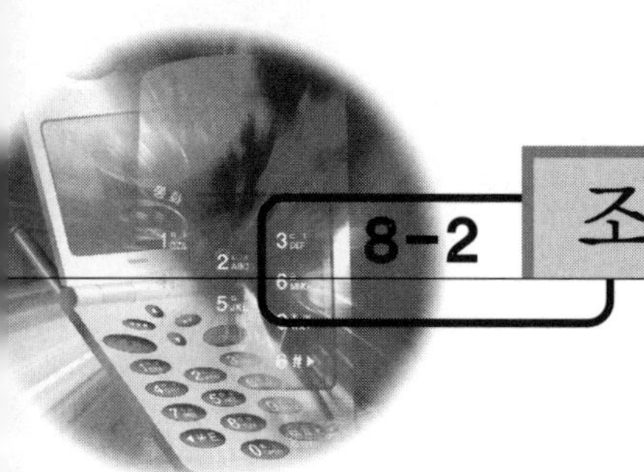

조명 기기라면 형광등을 연상하게 된다. 소비 전력이 작은 광원으로서 여러 분야에 사용되어 서민 생활과 밀접한 관계가 있다. 형광등은 효율, 수명, 가격의 면에서 더할 나위 없는 최고의 광원이다. 그러나 최근 수은을 규제하려는 기운이 크며 다른 광원을 찾으려는 움직임이 있다. 예를 들어 발광 다이오드를 이용한 조명 기기를 들 수 있다.

발광 다이오드는 수지로 소자를 고정한 점광원이므로 일정 면적의 광원이 필요한 경우 수백 개, 수천 개의 발광 다이오드를 묶어서 사용하게 된다. 한편 유기 EL 소자는 면광원이며 원리적으로는 면적의 제한이 없다. 또한 여러 발광 재료를 사용하여 RGB 이외에 중간색인 청록, 황색, 오렌지색 등 여러 가지 발광색을 실현할 수 있다.

2장에서 설명하였듯이 유기 EL 소자를 백색으로 발광시키는 것은 비교적 쉬운 일이다. 가장 일반적인 방법은 소자 내에 두 개의 발광층을 만드는 것이다. 예를 들어 청색과 황색 또는 청록과 적색으로 조합한다. 가시 영역 전체의 발광을 실현하려는 경우에는 3색(RGB)의 발광층이 필요하다.

표 8.2에서 백열전구, 형광등, 발광 다이오드, 유기 EL 소자에서 백색 발광을 비교하였다. 저분자 형광 재료를 사용한 유기 EL 소자에서는 전력 효율 10 lm/W, 저분자 인광 재료를 사용한 경우는 20 lm/W의 값이 얻어지고 있다. 또한 녹색 발광의 경우 70 lm/W의 효율도 보고되고 있다.

표 8.2 유기 EL 백색 패널과 다른 광원과의 비교

	백열전구	백색 LED	형광등	유기 EL
파장	열방사	청＋YAG	RGB	RGB
형태	구(둥근 유리)	점광원	관구(둥근 관)	면광원
발광 효율 [lm/W]	15	10	80	20, 72(G)
동작 전압 [V]	AC100	CD3.6	AC100	DC<10
수명 [h]	<1000	>20000	>10000	>1000

그림 8.5 백색 유기 EL 패널을 사용한 캐스터 라이트「유기 EL 캐스터 라이트」
(사진 제공 : NHK/도요타자동직기)

비상등과 같이 휘도가 낮은 경우는 제외하고, 현실적인 조명 기구의 휘도는 역시 형광등 수준인 5000cd/m² 이상이 요구된다. 이와 같은 고휘도에서 형광등으로서 수명이 요구된다. 최근에는 초기 1000cd/m²에서 10000시간을 넘어서는 반감 수명을 얻고 있으며 조명 기구의 응용 가능성이 높아지고 있다. 또한 초기 휘도 11000cd/m²에서 5000시간의 반감 시간을 예측하는 결과가 적층 구조의 유기 EL 소자에서 보고되고 있다. 고휘도에서 긴 수명을 요구하는 조명 용도로는 유용한 기술이 될 것이다.

실제로 유기 EL 소자를 사용하여 조명 기구를 개발한 예가 있으며,[11] 그 사진을 그림 8.5에서 보여 주고 있다. 2.2인치의 백색 유기 EL 소자를 6매 조합한 조명 기기로 TV 프로그램 제작을 위한 방송 현장의 조명으로 사용되고 있다. 출연자의 얼굴을 밑에서 비추는 보조 조명으로 '유기 EL 캐스터 라이트'로 불리고 있다. 이 유기 EL 캐스터 라이트의 사양을 표 8.3에 나타내었다.

표 8.3 유기 EL 캐스터 라이트와 종래의 형광등 캐스터 라이트의 비교

특성	유기 EL 캐스터 라이트	형광등 캐스터 라이트
휘도 [lx]/50cm	200	273
색온도 [K]	3200	3120
연색 평가 지수(R_a)	86	80
소비 전력 [W]	6	8
크기 ($D/H/W$) [mm]	$3 \times 60 \times 200$	$100 \times 80 \times 200$
중량 [g]	250	1100

Ra : Color rendering properties average = 색 표현 특성 평가값

광학 필름을 활용하여 발광을 전방으로 향하게 하여 정면 휘도를 2배로 향상시킬 수 있어서 4000cd/m²의 휘도를 달성할 수 있다. 또한 이 유기 EL 소자는 RGB 3색 성분을 가지고 있어서 색 재현성이 우수하다. 종래의 캐스터 라이트에 비교하여

① 매우 얇은 형태이다.

② 뜨겁게 되지 않는다.

③ 눈부시지 않다.

④ 전류 조정으로 빛의 조정이 가능하다.

⑤ 배터리(battery)로도 구동 가능하다.

등의 특징이 있다. 또한 자외선이나 적외선을 포함하지 않기 때문에 인간 친화적인 광원이기도 하며 미술품 등의 조명에도 적합하다. 종래의 형광등과 비교하여 우수성이 크다.

조명 기구로서 유기 EL 소자는 디스플레이와 같은 정보 표시의 필요성이 없기 때문에 구조가 간단하고 낮은 가격으로 제조 가능하다. 장수명화가 진행됨에 따라 조명 분야의 응용에도 본격화될 것으로 생각된다.

지금까지 유기 EL의 경우 최대 전류 밀도 ~10A/cm² 정도까지의 전류 밀도를 흘릴 수 있었다. 지금까지의 유기 반도체 역사는 전류 밀도를 증가시키는 일에 전력을 기울인 사실이다. 유기 반도체 최초의 응용은 OPC(organic photoconductor)이며 pA~nA/cm² 정도의 전류 밀도를 제어하였으며 유기 LED에서는 mA/cm² 크기 영역의 전류 밀도를 제어하였다. 유기 레이저는 지금까지 달성한 바 없는 ~kA/cm² 크기의 대전류 밀도를 실현하고자 도전하고 있다.

유기 반도체 레이저 다이오드를 실현하기 위해서는 우선 전류 여기에 의한 반전 분포를 형성할 필요가 있다. 반전 분포를 형성하기 위한 광 여기 에너지를 전류 밀도로 환산하면 전류 밀도 J~1000A/cm²에 달하는 캐리어 주입이 요구된다.

그러나 종래의 기본적 구조인 α-NPD/Alq₃형의 유기 EL 구조에서는 최대 전류 밀도 J_{max} ~10A/cm² 정도에서 소자가 파괴되어 버린다. 전반(傳搬) 손실을 넘어서 전류 여기에 의한 반전(反轉) 분포를 실현하는 일은 불가능에 가깝다. 여기서 유기 박막에 kA/cm² 크기의 전류 밀도를 흘릴 수 있을 것인가를 확인할 필요가 있다.

그림 8.6은 ITO/유기 박막/MgAg(100nm)/Ag(10nm)를 진공 증착법으로 제작한 후 J-V특성을 측정한 결과이다. 유기 재료는 내열성이 있는 구리프탈로시아닌(CuPc)을 사용하여 최대

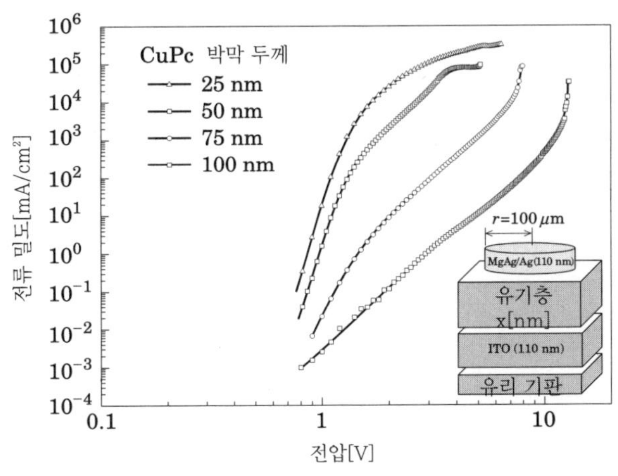

그림 8.6   ITO/CuPc(x[nm])/MgAg 소자에서 CuPc 박막 두께를 변화시킨 경우 전류-전압 특성

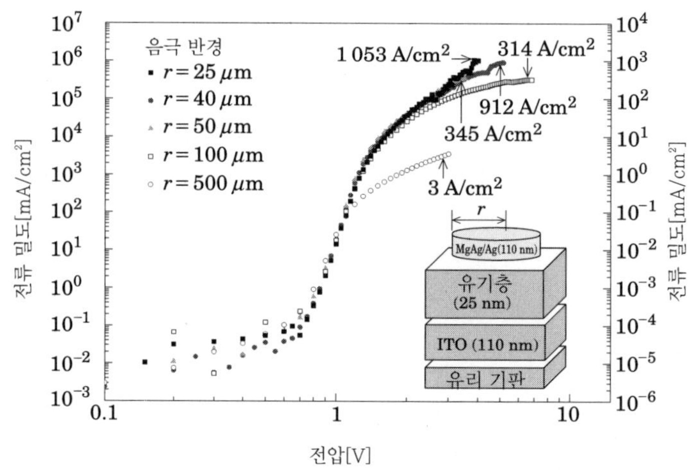

그림 8.7 ITO/CuPc(25nm)/MgAg 소자에서 음극 크기 변화에 따른 전류-전압 특성

전류 밀도(J_{max})의 박막 두께 의존성을 확인하기 위하여 CuPc 박막 두께 $d=100$nm, 50nm, 25nm에 있어서 검토한 결과이다. 또한 음극 크기의 의존성을 관측하기 위하여 음극 반경 $r=$ 100μm, 50μm, 40μm, 25μm에 대해서도 검토한 결과를 보여 주고 있다(그림 8.7).[11]

이와 같이 박막화함으로써 J_{max}는 현저하게 상승함을 알 수 있다. 또한 유기층의 박막 두께가 100nm, 75nm의 경우 $J-V$ 특성은 직선적이며 Transport-limited의 전도 특성(TCLC)을 나타낸다.

박막 두께가 50nm, 25nm에서는 Injection-limited의 특성(Tunneling 기구)을 나타내므로 캐리어 전도의 율속 과정이 박막 두께에 의해 변화하고 있음을 제시한다. 특히 음극 반경을 변화시킨 경우의 $J-V$ 특성은 음극 면적이 작아짐에 따라 J_{max}는 향상하고 유기층의 박막 두께 $d=25$nm 및 음극 반경 $r=25\,\mu$m의 경우 $J_{max}=1053$A/cm²에 도달되었다. 이와 같이 원리적으로는 유기 박막층에 100A/cm² 이상의 전류 밀도를 흘릴 수가 있으며 새로운 유기 반도체의 개발 가능성을 시사하고 있다.

높은 전류 밀도에서 소자 파괴의 메커니즘으로는 고전류 밀도를 흘릴 경우 줄(Joule) 열이 발생하여 격자 진동이 활발하게 일어나고 이로 인해 캐리어의 진행을 방해하게 된다. 결국 박막 내에 형성된 공간 전하에 의해 방전이 발생하여 소자 파괴가 일어난다.

유기 재료의 특징 중 하나는 강한 발광 기구를 갖는다는 것이다. 지금까지 레이저 색소로서 많은 재료가 개발되었다. 스티릴아민계, 쿠마린계, 시아닌계 재료 등 다수의 분자 골격이 알려져 있으나 유기 반도체 레이저 실현을 위해서는 재료 설계에 의한 레이저에 있어서 역치(閾値)의 획기적인 저감이 필요하다. 낮은 역치를 이루는 방법으로는 모체 재료에 도핑함으로써 레이저 색

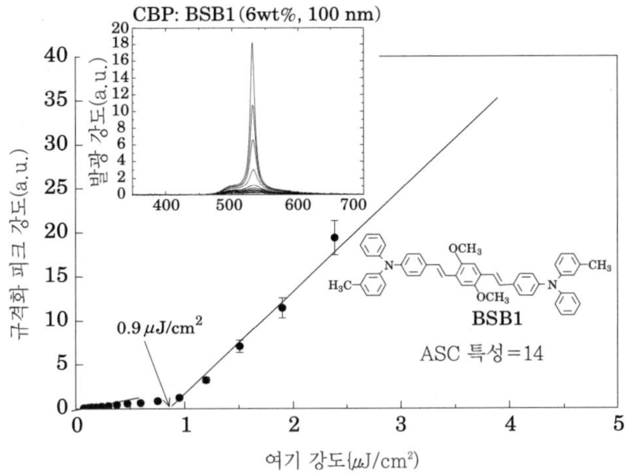

그림 8.8 비스스티릴 벤젠 유도체의 ASE 특성

소를 도핑하는 방법을 들 수 있다. 도핑한 박막에서는 모체 분자 내에 분자 분산을 시켜서 레이저 색소의 농도 소광(消光)이 방지되며 더욱이 에너지 이동에 의해 레이저 색소에 여기 상태가 집중되기 때문에 형광 강도의 증가와 낮은 역치의 달성이 가능하다.

그림 8.8에 4, 4′-di(N-carbazolyl) biphenyl(CBP)를 모체 재료로 BSB를 레이저 색소로 사용한 ASE 특성을 보여 주고 있다.

도핑 막은 희박한 용액과 같은 상태를 나타내기 때문에 게스트 분자의 농도 소광을 억제하여 형광 양자 효율은 90%에 달한다. BSB 농도 6wt%에서 3.6±0.7uJ/cm²의 낮은 역치를 나타낸다.

이어서 최적화를 이룬 레이저 활성층을 발광층으로 사용하여 전류 여기를 염두에 두고 소자 구조의 광 여기 실험 결과를 보여 준다.[12] 전류 여기가 가능한 소자를 제작하기 위해서 전극이 필요하다. 그러나 전극은 금속을 사용한 경우 유기층과 금속 전극의 계면에서 금속 전극으로 에너지 이동이 일어나 전반 손실이 커다란 문제가 되고 있다. 따라서 금속 전극에 의한 전반 손실을 억제하기 위해 중간 버퍼(buffer)층의 도입을 고려할 수 있다.

그림 8.9는 전류 여기를 고려하여 버퍼층으로 정공 수송성 물질과 전자 수송성 물질을 사용하여 전류 여기 가능한 굴절률형 광 도파로를 제작한 소자를 보여 준다. 발광층에는 최적화를 이룬 레이저 활성층(CBP : BSB)[굴절률 n=1.84]을, 정공 수송성 물질에는 4,4′-bis[N(1-naphthyl)-N-phenyl-amino]biphenyl(α-NPD) [n=1.81]을, 전자 수송성 물질로는 2,9-dimethy-4,7-diphenyl-1, 10-phenanthroline(BCP) [n=1.66]과 tris-(8-hydroxy-quinoline)aluminum() [n=1.71]을 사용하고 있다.

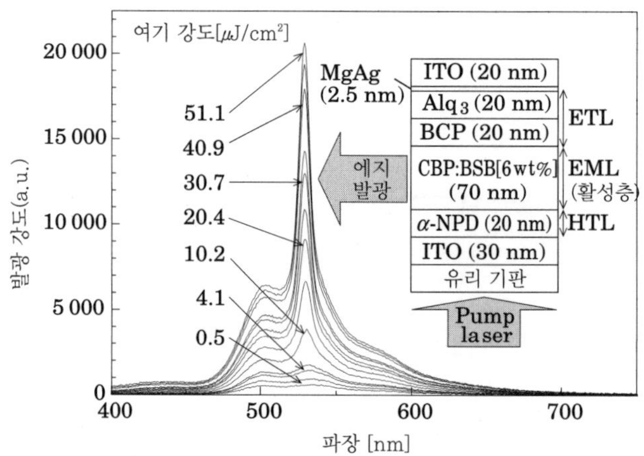

그림 8.9 전류 여기가 가능한 유기 레이저 구조의 ASE 발진 특성

소자의 최적화를 실시한 결과 ITO(30nm)/α-NPD(20nm)/CBP : BSB(100nm)/BCP(20nm) /Alq$_3$(20nm)/MgAg(1nm)/ITO(30nm)의 소자 구조에서 가장 낮은 ASE(Amplified Spontaneous Emission) 역치 $7.8\pm1.6\mu J/cm^2$가 얻어졌다. 이는 광 여기로 전류 여기가 가능한 소자 구조에서 ASE가 실현되고 있다.

특히 고전류 밀도에서 여기자의 비발광 과정을 제어하는 것은 유기 레이저 다이오드를 실현하기에 중요한 과제이다. 인광 소자는 고전류 밀도에서 삼중항 여기자 사이의 상호 작용이 존재함을 설명하였으나 게스트 분자를 인광 재료에서 형광 재료로 사용한 경우에 있어서도 유사한 여기자 비발광 과정이 발생한다.

형광성 게스트 분자를 사용한 경우 발광 효율의 전류 밀도 의존성은 Singlet-Singlet, Polaron-Triplet(Singlet) 모델과 잘 일치함을 보이고 있으며 유기 레이저 다이오드의 실현을 위해서는 고전류 밀도하에서 여기자 비발광을 해결할 필요가 있다.

참고 문헌

(1) P. J. Slikkerveer : Information Display, 3, 3, p.20 (2003)

(2) 佐藤史郎 : 플렉시블 디스플레이, NHK技研 R&D,77, pp.4-13 (2003)

(3) 예, 渡邊敏行 : 월간디스플레이, 2003년 3월호, p.47

(4) 宮寺敏之 : 2003 FPD 테크놀로지 大全, p.702

(5) A.Yoshida, S.Fujimura, T.Miyake, T.Yoshizawa, H.Ochi, A.Sugimoto, H.Kubota, T.Miyadera, S.Ishizuka, M.Tsuchida and H.Nakada : Tech Digest of SID 03, p.856 (2003)

(6) 時任靜士, 鈴木充典, 都築俊滿, 井上陽司 : 광학, 32,12, p.715 (2003)

(7) 淺野明彦 : 월간디스플레이, 2004년 3월호,p.15

(8) 工藤一浩 : 응용물리, 72, 9, p.1151 (2003)

(9) 井上陽司, 時任靜士 : 기능재료, 2004 년 3월호, p.26 (2004)

(10) NHK : 제56회 본부 · 關東甲信越地方技術報告會子稿集, p.3 (2003.9)

(11) 田中 功 外 : Electronic Journal 제81회 Technical Symposium 講演子稿集 (2004)

(12) W.Yokoyama, H.Sasabe and C.Adachi : Jpn.J.Appl.Phys. (Express Letter), 42, p.pL1353-1355 (2003)

(13) H.Yamamoto, T.Oyamada, H.Sasabe and C.Adachi : Appl.Phys.Lett.,84, p. 1401 (2004)

초보자를 위한 **전기기초 입문**

岩本 洋 지음 | 4 · 6배판형 | 232쪽 | 23,000원

이 책은 전자의 행동으로서 전자의 흐름 · 전자와 전위차 · 전기저항 · 전기에너지 · 교류 등을 들어 전자 현상을 물에 비유하여 전기에 입문하는 초보자도 쉽게 이해할 수 있도록 설명하였다.

기초 **회로이론**

백주기 지음 | 4 · 6배판형 | 428쪽 | 26,000원

본 교재는 기본서로서 수동 소자로 구성된 기초 회로이론을 바탕으로 가장 기본적인 이론을 엮었다. 또한 IT 분야의 자격증 취득을 위해 준비하는 학생들에게 가장 기본이 되는 이론을 소개함으로써 자격시험 대비에 도움이 되도록 하였다.

기초 **회로이론 및 실습**

백주기 지음 | 4 · 6배판형 | 404쪽 | 26,000원

본 교재는 기본을 중요시하여 수동 소자로 구성된 기초 회로이론을 토대로 가장 기본적인 이론과 실험으로 구성하였다. 또한 사진과 그림을 수록하여 이론을 보다 쉽게 이해할 수 있도록 하였고 각 장마다 예제와 상세한 풀이 과정으로 이론 확인 및 응용이 가능하도록 하였다.

공학도를 위한 전기/전자/제어/통신 **기초회로실험**

백주기 지음 | 4 · 6배판형 | 648쪽 | 25,000원

본 교재는 전기, 전자, 제어, 통신 공학도들에게 가장 기본이 되면서 중요시되는 회로실험을 기초부터 다져 나갈 수 있도록 기본에 중점을 두어 내용을 구성하였으며, 각 실험에서 중심이 되는 기본 회로이론을 자세하게 설명한 후 실험을 진행할 수 있도록 하였다.

기초 **전기공학**

김갑송 지음 | 4 · 6배판형 | 452쪽 | 24,000원

이 책은 전기란 무엇이고 전기가 어떻게 발생하는지부터 전자의 흐름, 전자와 전위차, 전기저항, 전기에너지, 교류 등을 전기에 입문하는 초보자도 누구나 쉽게 이해할 수 있도록 설명하였다.

기초 **전기전자공학**

장지근 외 지음 | 4 · 6배판형 | 248쪽 | 18,000원

이 책에서는 필수적이고 기초적인 이론에 중점을 두어 전기, 전자공학 및 이와 관련된 분야의 기초를 습득하고자 하는 사람들이 쉽게 공부할 수 있도록 구성하였다.

BM (주)도서출판 **성안당**

04032 서울시 마포구 양화로 127 첨단빌딩 3층(출판기획 R&D센터)
10881 경기도 파주시 문발로 112 파주 출판 문화도시(제작 및 물류)

TEL_02.3142.0036
TEL_도서 : 031.950.6300 I 동영상 : 031.950.6332

BM (주)도서출판 성안당

PLC 제어기술

김원회, 김준식, 남대훈 지음 | 4 · 6배판형 | 320쪽 | 20,000원

NCS를 완벽 적용한 알기 쉬운 PLC 제어기술의 기본서!!

이 책에서는 학습 모듈 10의 PLC 제어 기본 모듈 프로그램 개발과 학습 모듈 12의 PLC제어 프로그램 테스트를 NCS의 학습체계에 맞춰 구성하여 NCS 적용 PLC 교육에 활용토록 집필하였다. 또한 능력단위 정의와 학습체계, 학습목표를 미리 제시하여 체계적인 학습을 할 수 있도록 하였으며 그림과 표로 이론을 쉽게 설명하여 학습에 대한 이해도를 높였다.

알기 쉬운 **메카트로 공유압 PLC 제어**

니카니시 코지 외 지음 | 월간 자동화기술 편집부 옮김 | 4·6배판형 | 336쪽 | 20,000원

공유압 기술의 통합 해설서!

이 책은 공 · 유압 기기편, 시퀀스 제어편 그리고 회로편으로 공 · 유압 기술의 통합해설서를 목표로 하고 있다. 공 · 유압 기기의 역할, 특징, 구조, 선정, 이용상의 주의 그리고 특히 공 · 유압 시스템의 설계나 회로상의 주의점 등을 담아 실무에 도움이 되도록 구성하였다.

시퀀스 제어에서 PLC 제어까지 **PLC 제어기술**

지일구 지음 | 4 · 6배판형 | 456쪽 | 15,000원

시퀀스 제어에서 PLC 제어까지 알기 쉽게 설명한 참고서!!

이 책은 시퀀스 회로 설계를 중심으로 유접점 시퀀스와 무접점 시퀀스 제어를 나누어 설명하였다. 상황 요구 조건 변화에 능동적으로 대처할 수 있도록 PLC를 중심으로 개요, 구성, 프로그램 작성, 선정과 취급, 설치 보수, 프로그램 예에 대하여 설명하였다. 또한 PLC 사용 설명, LOADER 조작 방법, 응용 프로그램을 알기 쉽게 설명하였다.

BM (주)도서출판 성안당
04032 서울시 마포구 양화로 127 첨단빌딩 3층(출판기획 R&D센터)
10881 경기도 파주시 문발로 112 파주 출판 문화도시(제작 및 물류)
TEL_02.3142.0036
TEL_도서 : 031.950.6300 I 동영상 : 031.950.6332

생생 전기현장 실무

김대성 지음 | 4 · 6배판 | 360쪽 | 30,000원

전기에 처음 입문하는 조공, 아직 체계가 덜 잡힌 준전기공의 현장 지침서!

전기현장에 나가게 되면 이론으로는 이해가 안 되는 부분이 실무에서 종종 발생하곤 한다. 이러한 문제점을 가지고 있는 전기 초보자나 준전기공들을 위해서 이 교재는 철저히 현장 위주로 집필되었다.

이 책은 지금도 전기현장을 지키고 있는 저자가 현장에서 보고, 듣고, 느낀 내용을 직접 찍은 사진과 함께 수록하여 이론만으로 이해가 부족한 내용을 자세하고 생생하게 설명하였다.

생생 수배전설비 실무 기초

김대성 지음 | 4 · 6배판 | 452쪽 | 38,000원

아파트나 빌딩 전기실의 수배전설비에 대한 기초를 쉽게 이해할 수 있는 생생한 현장실무 교재!

이 책은 자격증 취득 후 일을 시작하는 과정에서 생기는 실무적인 어려움을 해소하기 위해 수배전 단선계통도를 중심으로 한전 인입부터 저압에 이르기까지 수전설비들의 기초부분을 풍부한 현장사진을 덧붙여 설명하였다. 그 외 수배전과 관련하여 반드시 숙지하고 있어야 할 수배전 일반기기들의 동작계통을 다루었다. 또한, 교재의 처음부터 끝까지 동영상강의를 통해 자세하게 설명하여 학습효과를 극대화하였다.

생생 전기기능사 실기

김대성 지음 | 4 · 6배판 | 272쪽 | 33,000원

일반 온 · 오프라인 학원에서 취급하지 않는 실기교재의 새로운 분야 개척!

기존의 전기기능사 실기교재와는 확연한 차별을 두고 있는 이 책은 동영상을 보는 것처럼 실습과정을 사진으로 수록하여 그대로 따라할 수 있도록 구성하였다. 또한 결선과정을 생생하게 컬러사진으로 수록하여 완벽한 이해를 도왔다.

생생 자동제어 기초

김대성 지음 | 4 · 6배판 | 360쪽 | 38,000원

자동제어회로의 기초 이론과 실습을 위한 지침서!

이 책은 자동제어회로에 필요한 기초 이론을 습득하고 이와 관련한 기초 실습을 한 다음, 실전 실습을 할 수 있도록 엮었다.

또한, 매 결선과제마다 제어회로를 결선해 나가는 과정을 순서대로 컬러사진과 회로도를 수록하여 독자들이 완벽하게 이해할 수 있도록 하였다.

생생 소방전기(시설) 기초

김대성 지음 | 4 · 6배판 | 304쪽 | 37,000원

소방전기(시설)의 현장감을 느끼며 실무의 기본을 배우기 위한 지침서!

소방전기(시설) 기초는 소방전기(시설)의 현장감을 느끼며 실무의 기본을 탄탄하게 배우기 위해서 꼭 필요한 책이다.

이 책은 소방전기(시설)에 필요한 기초 이론을 알고 이와 관련한 결선 모습을 이해하기 쉽도록 컬러사진을 수록하여 완벽하게 학습할 수 있도록 하였다.

생생 가정생활전기

김대성 지음 | 4 · 6배판 | 248쪽 | 25,000원

가정에 꼭 필요한 전기 매뉴얼 북!

가정에서 흔히 발생할 수 있는 전기 문제에 대해 집중적으로 다룸으로써 간단한 것은 전문가의 도움 없이도 손쉽게 해결할 수 있도록 하였다. 특히 가정생활전기와 관련하여 가장 궁금한 질문을 저자의 생생한 경험을 통해 해결하였다. 책의 내용을 생생한 컬러사진을 통해 접함으로써 전기설비에 대한 기본지식과 원리를 효과적으로 이해할 수 있도록 하였다.

쇼핑몰 QR코드 ▶다양한 전문서적을 빠르고 신속하게 만나실 수 있습니다.

경기도 파주시 문발로 112번지 파주 출판 문화도시(제작 및 물류)　　TEL. 031) 950-6300　FAX. 031) 955-0510

서울시 마포구 양화로 127 첨단빌딩 3층(출판기획 R&D센터)　　TEL. 02) 3142-0036

BM (주)도서출판 성안당

유기 EL 디스플레이 기초와 응용

2006. 2. 17. 초 판 1쇄 발행
2023. 1. 5. 초 판 7쇄 발행

지은이 | Shizuo Tokito, Chihaya Adachi, Hideyuki Murata
옮긴이 | 강원호, 장호정
펴낸이 | 이종춘
펴낸곳 | **BM** (주)도서출판 **성안당**
주소 | 04032 서울시 마포구 양화로 127 첨단빌딩 3층(출판기획 R&D 센터)
     | 10881 경기도 파주시 문발로 112 파주 출판 문화도시(제작 및 물류)
전화 | 02) 3142-0036
     | 031) 950-6300
팩스 | 031) 955-0510
등록 | 1973. 2. 1. 제406-2005-000046호
출판사 홈페이지 | www.cyber.co.kr
ISBN | 978-89-315-3270-8 (13560)
정가 | 28,000원

이 책을 만든 사람들
교정·교열 | 이태원
전산편집 | 김인환
표지 디자인 | 박원석
홍보 | 김계향, 이보람, 유미나, 이준영
국제부 | 이선민, 조혜란, 권수경
마케팅 | 구본철, 차정욱, 오영일, 나진호, 강호묵
마케팅 지원 | 장상범, 박지연
제작 | 김유석

■ **도서 A/S 안내**

> 성안당에서 발행하는 모든 도서는 저자와 출판사, 그리고 독자가 함께 만들어 나갑니다.
> 좋은 책을 펴내기 위해 많은 노력을 기울이고 있습니다. 혹시라도 내용상의 오류나 오탈자 등이 발견되면 **"좋은 책은 나라의 보배"**로서 우리 모두가 함께 만들어 간다는 마음으로 연락주시기 바랍니다. 수정 보완하여 더 나은 책이 되도록 최선을 다하겠습니다.
> 성안당은 늘 독자 여러분들의 소중한 의견을 기다리고 있습니다. 좋은 의견을 보내주시는 분께는 성안당 쇼핑몰의 포인트(3,000포인트)를 적립해 드립니다.
>
> 잘못 만들어진 책이나 부록 등이 파손된 경우에는 교환해 드립니다.